U0121077

优美的连接花片

15 …18

16 …19

17 …20

18 …21

19 …22

20 …23

21 …24

22 …25

装点服饰的钩编小物

23 …27

24 …28

25 …29

26、27 …30

28、29 …31

钩编花样的魅力

只需1根针，便可以完成各种各样的花样。把它们巧妙地组合在一起吧。

1

蕾丝和菠萝花样，是最佳搭档。
一圈圈编织2片大大的花朵花
片，组合在一起就是身片，非
常有成就感。

+++++
设计：原田佐代子
使用线：和麻纳卡 Mohair
编织方法：33页

2

用优雅的镂空花样编织长袖套
头衫。两种方形花样组合在一
起，编织过程中不会产生厌烦
情绪。通过松叶花样针数的加
减，完成柔美雅致、摇曳生姿
的花样。

+++++
设计：铃木朝子
使用线：和麻纳卡 Amerry F（粗）
编织方法：36页

3

用蓬松柔软的马海毛线编织菠萝花样，非常可爱。使用的钩针较细，在编织一个个花样的过程中，很容易沉浸其中、忘记时间。

╀╀╀╀╀

设计：冈 真理子
制作：内海理惠
使用线：和麻纳卡 Mohair
编织方法：40页

4

用中粗的花呢线快速编织，前后身片连在一起编织成夹克。衣袖上大胆的镂空花样，既是设计上的亮点，也减轻了这款夹克的重量。

+++++

设计：柴田 淳
使用线：和麻纳卡 Sonomono Tweed
编织方法：45页

5

长针编织的树叶花样排列在一起。前后身片连在一起编织，无须处理胁部，衣袖等针直编，真是方便编织的设计。100%羊驼毛，穿着超舒服。

┼┼┼┼┼

设计：marshell
制作：仲野千惠
使用线：和麻纳卡 Sonomono Suelee Alpaca
编织方法：49页

6

两种羊驼毛组成的100%羊驼毛线，极其轻柔。八瓣花花样仿佛在欢快地歌唱，认真编织可爱的编织花样，爱惜地穿在身上。

设计：河合真弓
制作：冲田喜美子
使用线：和麻纳卡 Sonomono Suelee Alpaca
编织方法：52页

7

长针钩织的花样仿佛蜿蜒流淌的溪水，加上网格针装饰，钩织成这款雅致的七分袖套头衫。羊毛材质的长袖毛衫，很容易编织得笨重，但这种编织花样很让人放心。

+ + + + +

设计：原田佐代子
使用线：和麻纳卡 EXCEED WOOL FL（粗）
编织方法：55页

这款法式袖毛衫，穿上显得胳膊很
细。前后身片连在一起编织，不需
要缝合胁部，非常方便！还可以机
洗。

+++++
设计：原田佐代子
使用线：和麻纳卡 MOHAIR COLORFUL
编织方法：58页

9

方眼编织的蕾丝花样是非常新颖的设计，使用柔软的幼羊驼毛线编织。镂空花样非常优美，带着亮闪闪的光泽的金银丝线起到很好的装饰效果，使这件毛衫看起来很优雅。

+++++

设计：川路祐三子
制作：穴濑圭子
使用线：和麻纳卡 Arcobaleno
编织方法：65页

10

这款中长款毛衫可以起到很好的遮肉显瘦效果，而且有着优质线材特有的轻柔质感。使用渐变色毛线，在编织中，会形成优美的条纹花样。

+++++
设计：松本惠衣子
使用线：和麻纳卡 Mohair Memoir Wool
编织方法：62页

11

从肩部向下摆编织，优美的菠萝花
样连续不断，整体的轮廓呈A形。
在秋凉的时候，用毛线享受优雅的
蕾丝编织吧。

+++++

设计：冈 真理子
制作：大西双叶
使用线：和麻纳卡 PARFUM
编织方法：68页

12

用原白色天然线材，钩织惹人怜爱的镂空花样。用细细的毛线仔细钩织，就可以完成这件仿佛"穿在身上的装饰"一般的毛衫。

+++++

设计：志田瞳
制作：樱井由香
使用线：和麻纳卡 Sonomono Suelee Alpaca
编织方法：72页

13

拉针编织的Y形花样非常吸引眼球。使用段染线编织，在编织中颜色不断变化，体验到和棒针编织截然不同的渐变效果。

设计：镰田惠美子
使用线：和麻纳卡 Arcobaleno
编织方法：75页

14

编织花样充满植物风情，小巧的亮片闪闪发亮，仿佛一个个宝石，让这件毛衫愈发显得雅致了。

+++++

设计：原田佐代子
使用线：和麻纳卡 Mohair Glass
编织方法：78页

优美的连接花片

换颜色、换线材，
这是充分展现四边形花片
魅力的毛衫。

15

使用了3种颜色的四边形变形花
片，像花砖一样整齐地排列在一
起，形成这款优美的套头衫。袖口
和下摆直接使用花片，弯弯曲曲
的，非常有女人味。

+++++
设计：冈 真理子
制作：小泽智子
使用线：和麻纳卡 纯毛中细
编织方法：81页

将上一款套头衫的颜色换成质朴的
素色，钩织成马甲。颇具匠心的设
计，搭配日常服饰，也会给人大有
不同的感觉。

设计：冈 真理子
制作：小泽智子
使用线：和麻纳卡 纯毛中细
编织方法：84页

17

这是一款花样非常可爱的毛衫，从大到小变化的配色，就像落雪一样。下摆和衣袖开口部分设计了三角形花片，身片只需等针直编即可完成。

+++++

设计：深濑智美
使用线：和麻纳卡 Amerry F（粗）
编织方法：86页

18

同样的设计，用不同的配色编织。
有了设计灵感，可以在线材和颜色
上自由变化，充分享受编织带来的
乐趣。

+++++
设计：深濑智美
使用线：和麻纳卡 Amerry F（粗）
编织方法：86页

19

改变不对称花样的四方形花片的方
向，钩织成背心。将编织方法相同
的花片连接在一起，就会形成新的
编织花样，设计非常巧妙。

+++++

设计：武田敦子
制作：饭塚静代
使用线：和麻纳卡 Mohair
编织方法：90页

20

使用不同的颜色编织款式相同的背心，给人的印象也会截然不同。时尚的颜色，容易搭配的颜色……这款毛线有很多种颜色，大家尽情选择喜欢的颜色吧。

+++++

设计：武田敦子
制作：饭塚静代
使用线：和麻纳卡 Mohair
编织方法：90页

使用色调淡雅、蓬松柔软的马海毛
线编织，渐变色的花朵花片给人一
种奇妙的感觉。每片花片的颜色是
无法预测的，可以充分享受编织的
乐趣。

设计：和麻纳卡企划部
使用线：和麻纳卡 Mohair Memoir Wool
编织方法：92页

22

交替钩织短针和长针，将花片连接
在一起，组成这款斗篷。对比鲜明
的自然风情配色，令人印象深刻，
是非常新颖的设计。

+++++

设计：水原多佳子
制作：松永一美
使用线：和麻纳卡 Sonomono〔粗〕
编织方法：94页

装点服饰的钩编小物

秋冬服装搭配中不可缺少的东西便是毛线材质的小物。

遇见喜欢的设计，就选择颜色和线材动手钩织吧。

23

松叶花样连在一起很像篱笆编织，
这是一款宽松的V领套头衫，侧面
用细绳连接。如果胁部不系上，就
像一件斗篷，可以享受一衣两穿的
乐趣。

+++++
设计：松本惠衣子
使用线：和麻纳卡 Amerry
编织方法：97页

24

这是一件非常优雅的披肩，很适合成熟女性。连在一起的菠萝花样，给马海毛线带来了高雅的质感，上面还点缀了极小的亮片，披上后整个人看起来神采飞扬。

+++++

设计：原田佐代子
使用线：和麻纳卡 Mohair Glass
编织方法：100页

25

在透着寒气的早晨，披上喜欢的披肩出门吧。这款线材的主要成分是幼羊驼毛，质感非常轻柔，披上有一种幸福感。它和上一款披肩的线材不一样。

+ + + + +

设计：原田佐代子
使用线：和麻纳卡 Arcobaleno
编织方法：100页

26、27

使用了轻柔、温暖的超级粗渐变色毛线编织，行数和针数都很少，很快就能织好！出门散步时，戴上很方便，也很适合休闲搭配。

+++++

设计：Ami
使用线：和麻纳卡 Hifumi Lily
编织方法：102页

28、29

使用手感轻柔的羊毛和羊驼毛混纺的毛线编织毛茸茸的小围巾。环形钩织中长针,穿绒球的地方需要另外做环形编织。简单的款式,更能彰显性格,是非常棒的设计。

+++++

设计:和麻纳卡企划部
使用线:和麻纳卡 Sonomono Alpaca Boucle
编织方法:103页

1 和麻纳卡 Sonomono Alpaca Boucle

羊毛80% 羊驼毛20% 40g/团 线长约76m

极粗 使用针7/0号 标准长针钩织密度16针，7行

● 这是近期研发的非常受欢迎的Sonomono系列极粗线。上面用独特的方法做出了圈圈，非常蓬松、轻柔，编织效果也非常可爱。

2 和麻纳卡 Mohair Glass

锦纶38% 腈纶34% 马海毛25% 聚酯纤维3% 25g/团 线长约75m

中粗 使用针6/0号 标准长针钩织密度19针，9.5行

● 这是一款毛茸茸的马海毛混纺的毛线，上面带有极小的亮片装饰，散发着优雅的光芒。亮片直径小于1mm，不影响穿着体验，又有很好的装饰效果。

3 和麻纳卡 Mohair Memoir Wool

羊驼毛43% 锦纶28% 羊毛15% 马海毛14% 25g/团 线长约140m

中粗 使用针5/0号 标准长针钩织密度22针，10行

● 这是一款有着细微变化的渐变色线，带着马海毛的质感，可以在编织中体验羊毛和马海毛的绝妙手感。

4 和麻纳卡 Hifumi Lily

锦纶42% 羊毛29% 腈纶29% 40g/团 线长约48m

超级粗 使用针7mm 标准长针钩织密度10针，5行

● 这是一款超级粗渐变色毛线，8色混合的毛线纺成起毛感的花式纱线。蓬松可爱，轻柔温暖。使用它，很快就可以完成一件作品。

5 和麻纳卡 Amerry

羊毛（新西兰美利奴羊毛）70% 腈纶30% 40g/团 线长约110m

中粗 使用针5/0~6/0号 标准长针钩织密度20~21针，9~9.5行

● 这是一款新西兰美利奴羊毛和蓬松的腈纶线混纺的优质毛线，轻柔、保暖，而且很容易编织。颜色种类也颇为丰富。

6 和麻纳卡 Amerry F（粗）

羊毛（新西兰美利奴羊毛）70% 腈纶30% 30g/团 线长约130m

粗 使用针4/0号 标准长针钩织密度25针，11.5行

● 这是上一种毛线的粗款，同样有着丰富的颜色，颇受欢迎。它很适合钩针编织，编织效果非常好。

7 和麻纳卡 Arcobaleno

羊驼毛（幼羊驼毛）94% 铜氨纤维4% 聚酯纤维2% 25g/团 线长约100m

粗 使用针4/0号 标准长针钩织密度25针，12行

● 这款渐变色毛线使用了非常珍贵的幼羊驼毛，手感超级轻柔、细腻。它含有金银丝线，编织效果非常雅致。

8 和麻纳卡 EXCEED WOOL FL（粗）

羊毛（超级美利奴羊毛）100% 40g/团 线长约120m

粗 使用针4/0号 标准长针钩织密度19针，11行

● 这也是人气毛线的粗款，颜色丰富，非常适合用来钩织花片。

9 和麻纳卡 Sonomono Suelee Alpaca

羊驼毛（Suelee Alpaca）100% 25g/团 线长约90m

中细 使用针3/0号 标准长针钩织密度27针，12行

● 这是一款使用两种羊驼毛纺成的毛线，手感光滑，而且带着优美的光泽。

10 和麻纳卡 Sonomono Tweed

羊毛53% 羊驼毛40% 其他（骆驼毛和牦牛毛）7% 40g/团 线长约110m

中粗 使用针5/0号 标准长针钩织密度20针，9行

● 这是一款手感轻柔的自然风情花呢线，结粒中含有骆驼毛和牦牛毛成分。

11 和麻纳卡 Sonomono（粗）

羊毛100% 40g/团 线长约120m

粗 使用针4/0号 标准长针钩织密度23针，11行

● 这是一款非常受欢迎的天然色系粗毛线，非常适合钩针编织。它是平直毛线。

12 和麻纳卡 纯毛中细

羊毛100% 40g/团 线长约160m

中细 使用针3/0号 标准长针钩织密度25~26针，12~12.5行

● 这是一款很适合钩针编织的纯色毛线，比较有立体感。颜色种类丰富，容易配色。

13 和麻纳卡 Mohair

腈纶65% 马海毛35% 25g/团 线长约100m

中粗 使用针4/0号 标准长针钩织密度19针，10行

● 腈纶和高级的马海毛是非常理想的组合。这是一款非常经典的马海毛线。

14 和麻纳卡 MOHAIR COLORFUL

腈纶70% 马海毛30% 25g/团 线长约100m

中粗 使用针4/0号 标准长针钩织密度19针，10行

● 这是一款非常受欢迎的马海毛段染线，颜色变化丰富，带着一种微妙的感觉，可以在编织中充分享受色彩变化的乐趣。

15 和麻纳卡 PARFUM

人造丝线42% 腈纶29% 锦纶14% 聚酯纤维12% 羊毛3% 25g/团 线长约102m

粗 使用针4/0号 标准长针钩织密度25针，10.5行

● 这是一款长间距渐变花式纱线，含有闪亮的金银丝线。

作品的编织方法

1
p.2

准备▶ 和麻纳卡 Mohair 灰粉色（62）
120g/5团
钩针4/0号

成品尺寸▶ 胸围98cm，肩宽38cm，
衣长52.5cm

编织密度▶ 编织花样：从起针开始编织
16行17cm

编织要点▶身片 环形起针，参照图示
做编织花样，做环形的往返编织。
组合 肩部做卷针缝缝合，胁部钩织短
针和锁针接合。下摆一边在胁部减针，
一边环形做边缘编织A。衣领、袖窿环
形做边缘编织B。

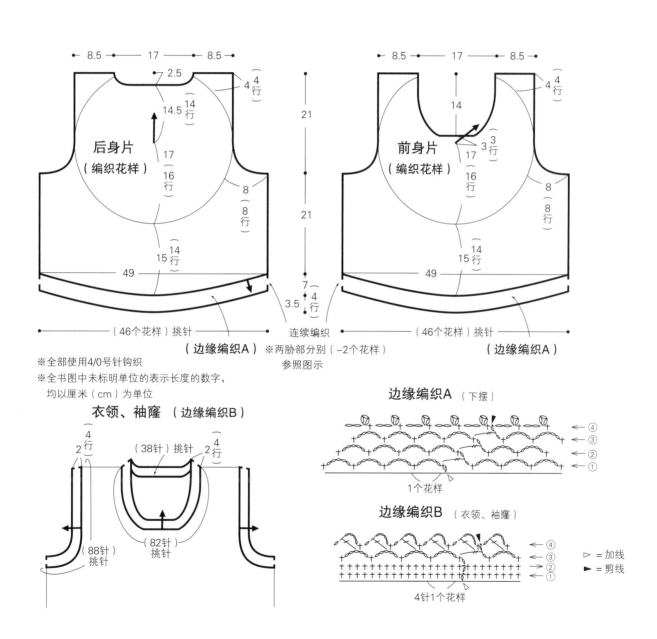

后身片
（编织花样）

前身片
（编织花样）

8.5　17　8.5
2.5
4（4行）
14.5（14行）
17（16行）
8（8行）
15（14行）
49
21
21
7（4行）
3.5
（46个花样）挑针
（边缘编织A）
连续编织
※两胁部分别（−2个花样）
参照图示
14
3（3行）
17（16行）

※全部使用4/0号针钩织
※全书图中未标明单位的表示长度的数字，
　均以厘米（cm）为单位

衣领、袖窿（边缘编织B）
4（2行）
（38针）挑针
2（4行）
（88针）挑针
（82针）挑针

边缘编织A（下摆）
④③②①
1个花样

边缘编织B（衣领、袖窿）
④③②①
4针1个花样

▷ ＝加线
► ＝剪线

33

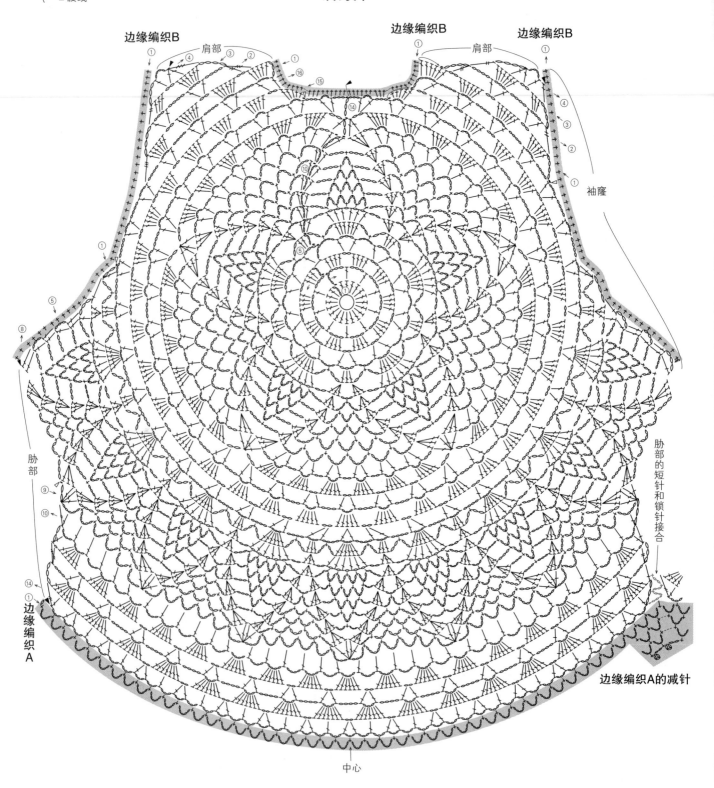

后身片

= 加线
= 剪线
= 渡线

边缘编织B
肩部
边缘编织B
肩部
边缘编织B

袖隆

胁部

胁部的短针和锁针接合

边缘编织A

边缘编织A的减针

中心

前身片

▷ = 加线
► = 剪线
⌒ = 渡线

边缘编织B　　　　　　　　　　　　边缘编织B　　边缘编织B

肩部　　　　　　　　　　　　　　肩部

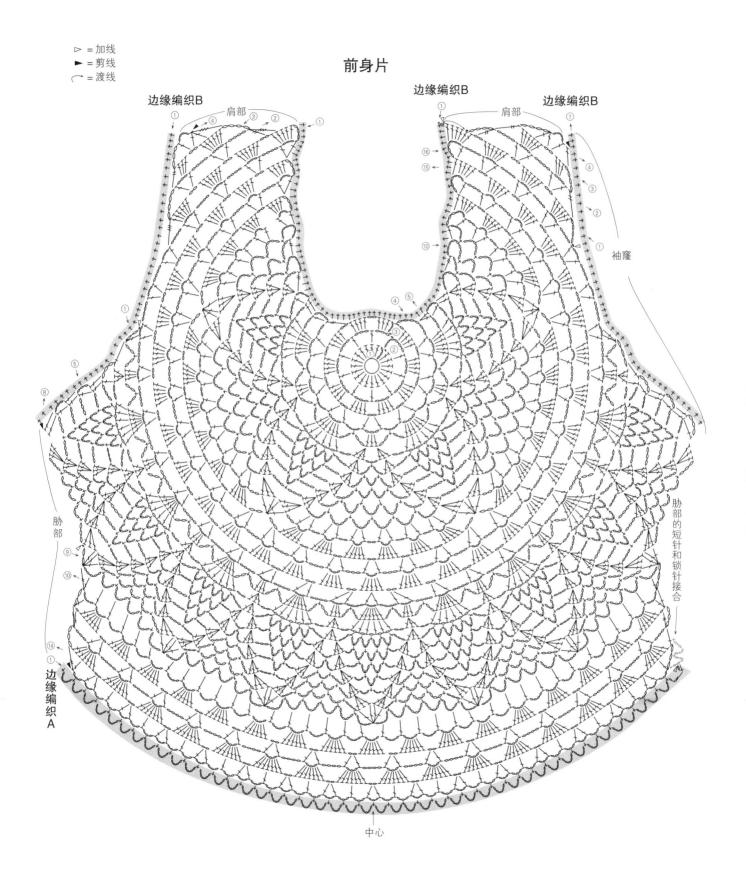

胁部

边缘编织A

袖隆

胁部的短针和锁针接合

中心

2
p.4

准备▶和麻纳卡 Amerry F（粗）水蓝色
（512）270g/9团
钩针5/0号
成品尺寸▶胸围92cm，肩宽37cm，衣
长59cm，袖长51.5cm
编织密度▶编织花样A：10cm×10cm
面积内26针，11行　编织花样B：1个
花样4.6cm，9.5行为10cm

编织要点▶身片、衣袖　锁针起针，参
照图示做编织花样A、B。
组合　肩部在前身片最终行和后身片连
接。胁部、袖下钩织引拔针和锁针接
合。下摆、袖口环形做边缘编织A。衣
领环形做边缘编织B。衣袖钩织引拔针
和锁针接合于身片。

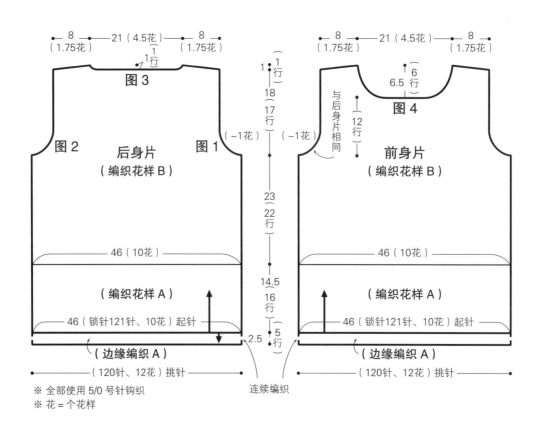

※ 全部使用 5/0 号针钩织
※ 花 = 个花样

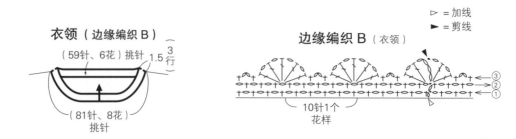

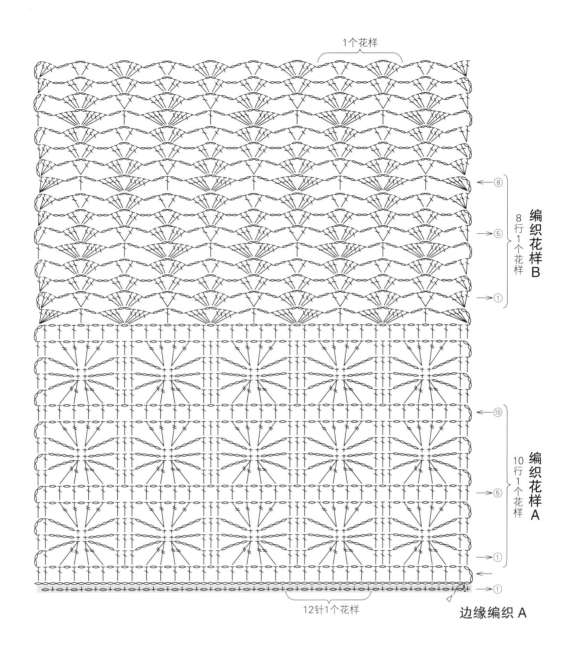

1个花样

编织花样B
8行1个花样
⑧
⑤
①

编织花样A
10行1个花样
⑩
⑤
①
①

12针1个花样

边缘编织 A

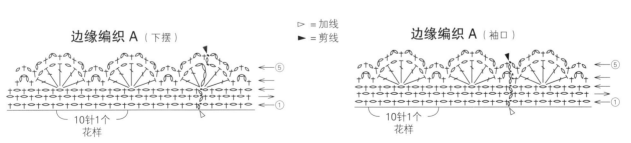

边缘编织 A（下摆）

▷ = 加线
► = 剪线

边缘编织 A（袖口）

10针1个花样

⑤
①

10针1个花样

⑤
①

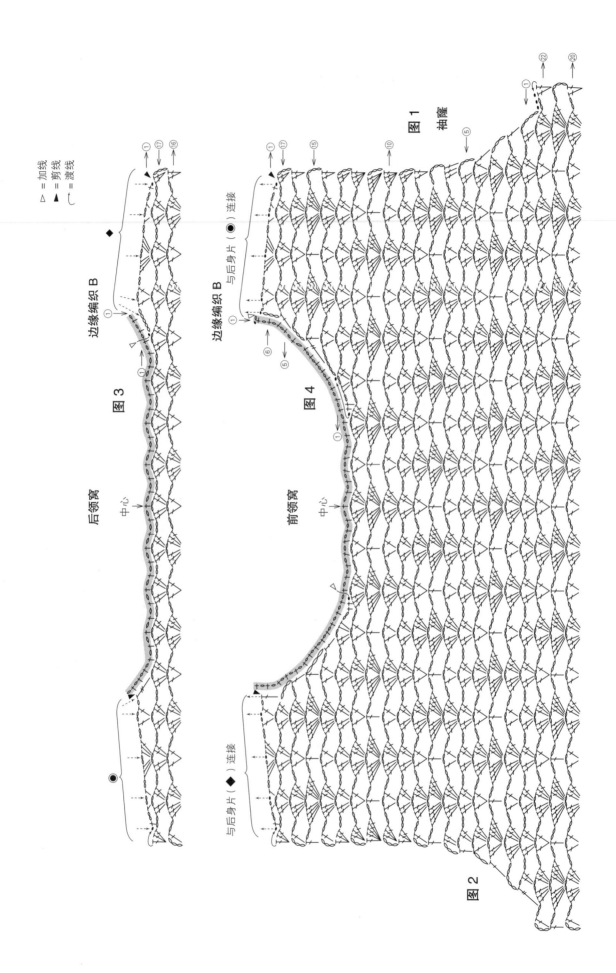

△ = 加线
▲ = 剪线
⌒ = 渡线

边缘编织 B

图 3

后领窝

图 1
袖隆

边缘编织 B 与后身片（◉）连接

图 4

前领窝

与后身片（◆）连接

图 2

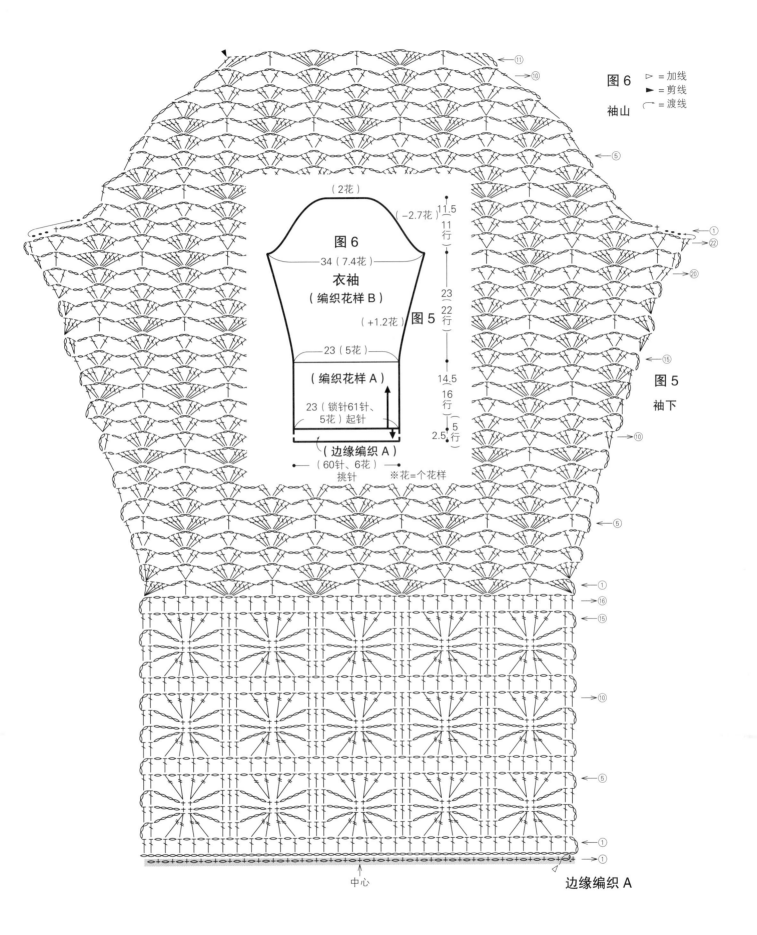

图 6　▷ = 加线
袖山　▶ = 剪线
　　　⌒ = 渡线

（2花）

图 6

衣袖
（编织花样 B）

34（7.4花）

（-2.7花）11.5
11 行

23
22 行

图 5

（+1.2花）

23（5花）

（编织花样 A）

14.5
16 行

图 5
袖下

23（锁针61针、
5花）起针

2.5 5 行

（边缘编织 A）
（60针、6花）
挑针　※花＝个花样

中心　　　　　　　　　边缘编织 A

3
p.5

准备▶和麻纳卡 Mohair 芥末黄色
（104）255g/11团
钩针3/0号
成品尺寸▶胸围97cm，肩宽35.5cm，
衣长54.5cm，袖长37.5cm
编织密度▶
编织花样A：1个花样6.5cm
编织花样B：1个花样11.5cm
编织花样C：1个花样5cm
行数全部为10行10cm

编织要点▶身片、衣袖 锁针起针，身
片从肩部开始做编织花样A，衣袖从袖
山开始做编织花样C。身片继续做编织
花样B。
组合 肩部钩织引拔针和锁针接合。胁
部、袖下钩织引拔针和锁针接合。下摆
做边缘编织A，袖口做边缘编织B，衣
领做边缘编织C，均环形钩织。衣袖钩
织引拔针和锁针接合于身片。

衣领（边缘编织C）

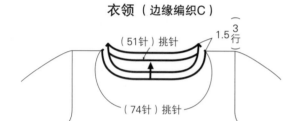

边缘编织C（衣领）

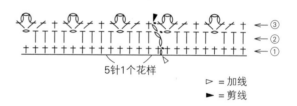

5针1个花样

▷ = 加线
► = 剪线

编织花样A

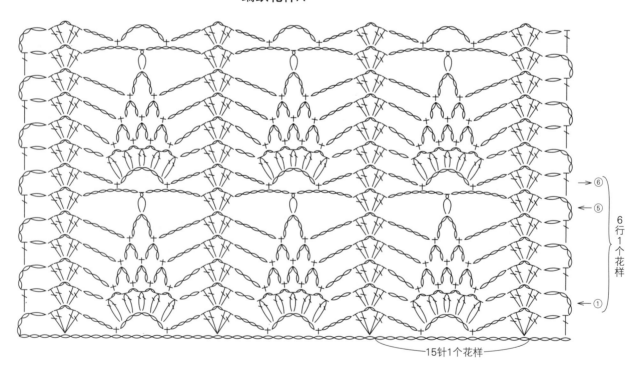

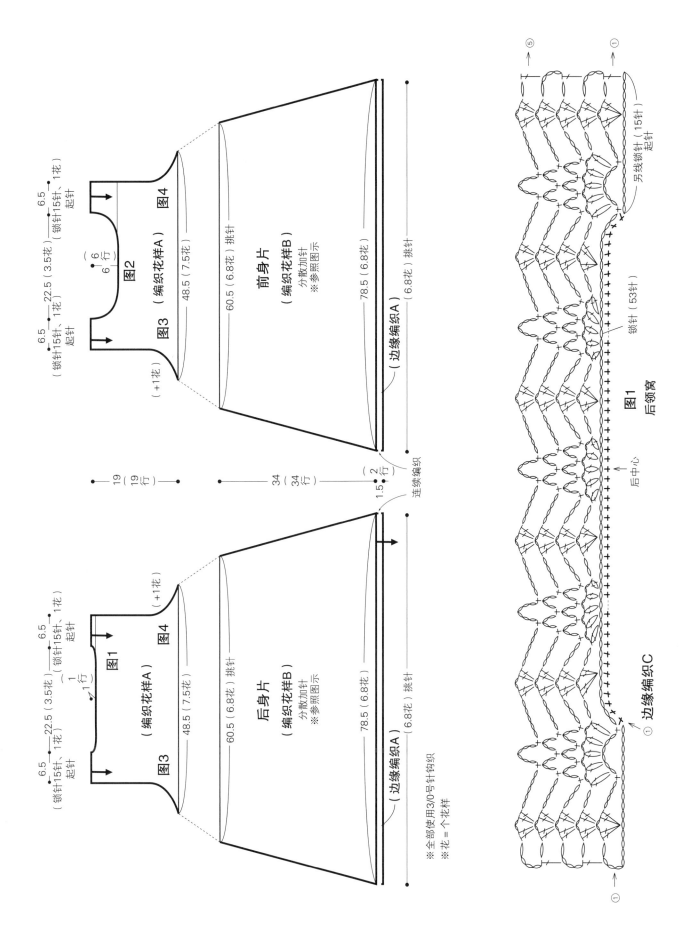

図2

图3 （编织花样A）　图4

前身片
（编织花样B）
分散加针
※参照图示

（边缘编织A）

6.5
（锁针15针、1花）
起针

6.5
22.5（3.5花）
（锁针15针、1花）

6.5
（锁针15针、1花）
起针

6
（6
行）

48.5（7.5花）

60.5（6.8花）挑针

78.5（6.8花）

（6.8花）挑针

19
（19
行）

34
（34
行）

2
（2
行）

1.5

连续编织

图1

图3 （编织花样A）　图4

后身片
（编织花样B）
分散加针
※参照图示

（边缘编织A）

6.5
（锁针15针、1花）
起针

6.5
22.5（3.5花）
（锁针15针、1花）

6.5
（锁针15针、1花）
起针

1
（1
行）

48.5（7.5花）

60.5（6.8花）挑针

78.5（6.8花）

（6.8花）挑针

（+1花）

（+1花）

※全部使用3/0号针钩织
※花＝一个花样

⑤

①

另线锁针（15针）
起针

后领窝

锁针（53针）

图1

后中心

① 边缘编织C

①

41

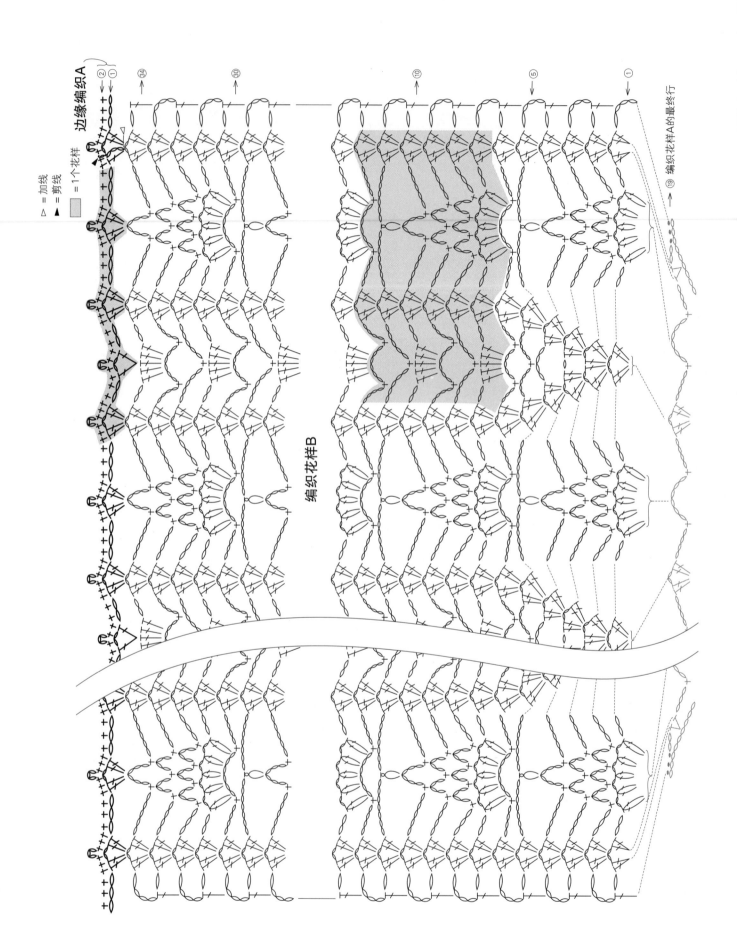

边缘编织A

编织花样B

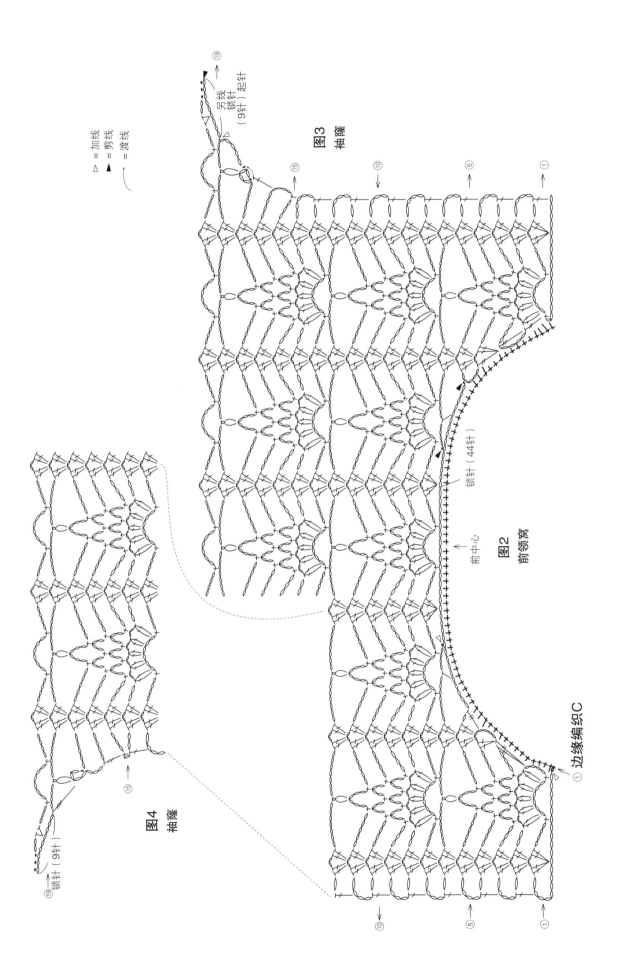

△ = 加线
▲ = 剪线
= 渡线

另线
锁针
（9针）起针

⑲ →

图3
袖隆

⑮

⑩

⑤

①

锁针（44针）

前中心 ↑

图2
前领窝

边缘编织C

①

⑲
锁针（9针）

图4
袖隆

⑮ ↑

⑩ ↓

⑤ ↑

① ↑

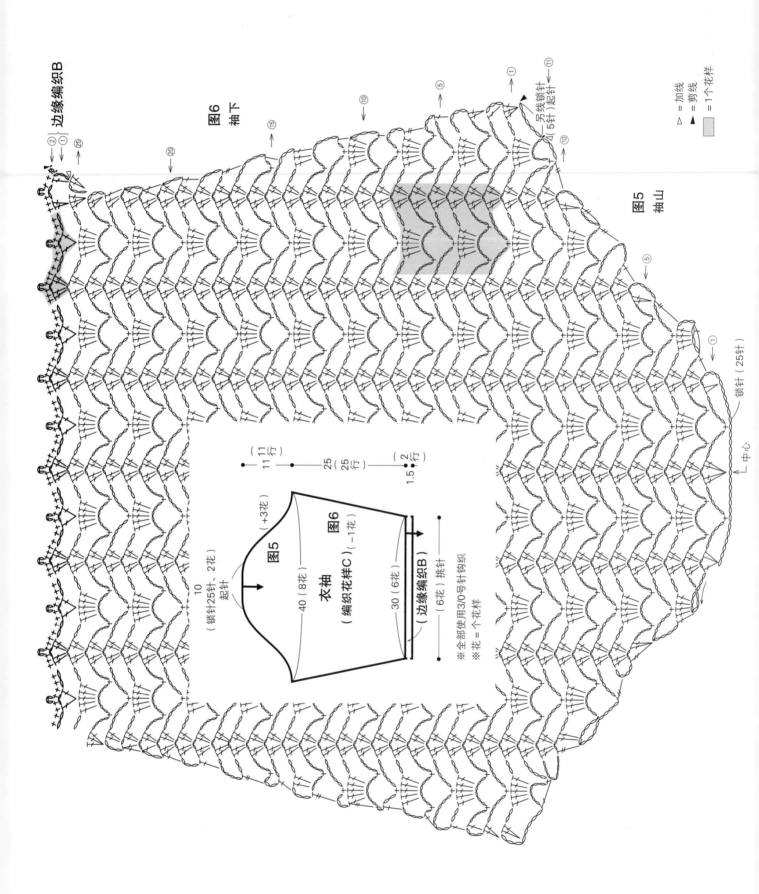

边缘编织B

②
①
㉕

图6
袖下

㉕
⑳
⑮
⑩
⑤
①

→另线锁针
（5针）起针
⑩
⑪

图5
袖山

⑤
①

锁针（25针）
上中心

△ = 加线
= 剪线
▲ = 另线锁线
□ = 1个花样

（11
11行）
25
（25
行）
（2
2行）
1.5

10
（锁针25针、2花）
起针
（+3花）

图5

衣袖
（编织花样C）
图6

40（8花）

（-1花）

30（6花）

（6花）挑针

边缘编织B

※全部使用3/0号针钩织
※花=一个花样

4
p.6

准备▶ 和麻纳卡 Sonomono Tweed 米色（72）430g/11团
直径35mm的纽扣2颗
钩针5/0号

成品尺寸▶ 胸围104.5cm，衣长53cm，连肩袖长58cm

编织密度▶ 长针：10cm×10cm面积内18针，9行　编织花样B：1个花样4cm，7.5行为10cm

编织要点▶育克　锁针起针，参照图示一边加针一边做16行编织花样A。

身片、衣袖　身片从育克和腋下部分的另线锁针挑针，前后身片连在一起钩织长针。衣袖从育克和身片的腋下部分挑针，环形做编织花样B。

组合　衣领参照图示挑针，做编织花样B。左前身片缝上纽扣。

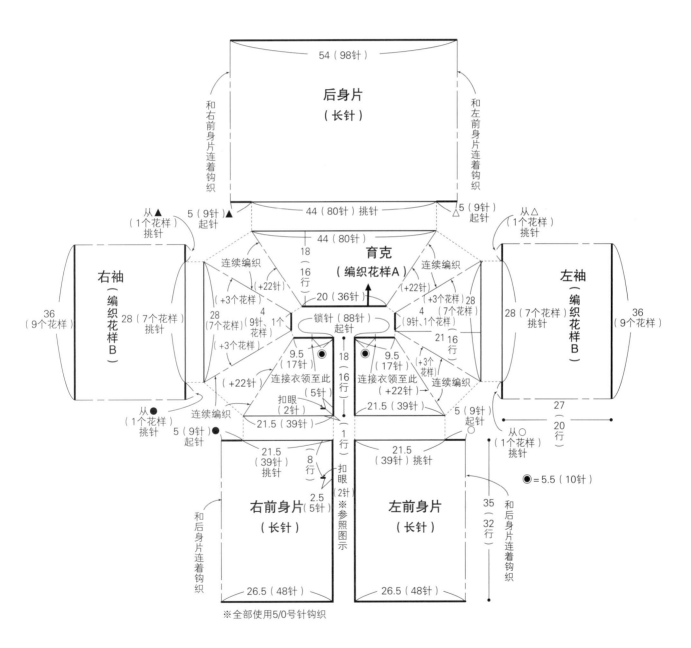

※全部使用5/0号针钩织

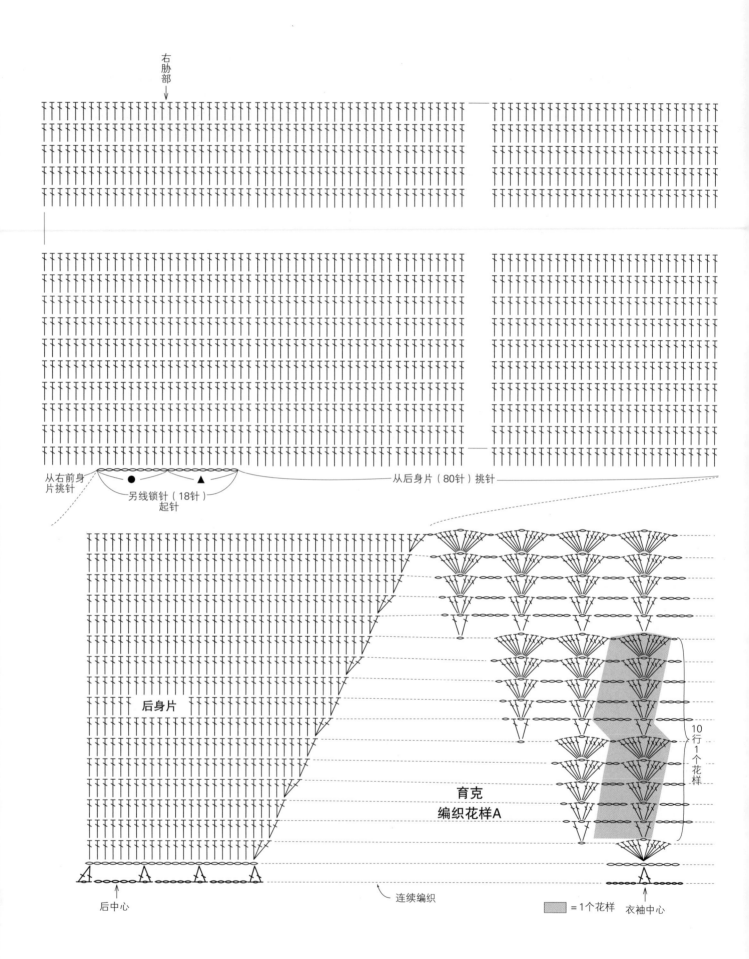

右胁部

从右前身片挑针

另线锁针（18针）起针

从后身片（80针）挑针

后身片

育克
编织花样A

后中心

连续编织

10行1个花样

= 1个花样

衣袖中心

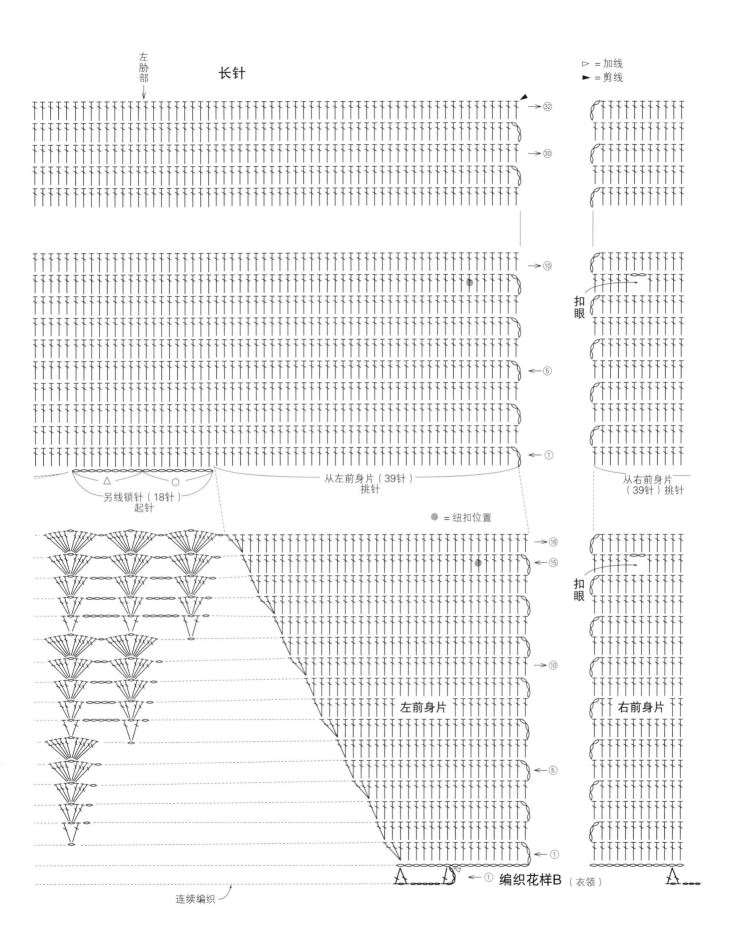

长针

左胁部

▷ = 加线
► = 剪线

→ ㉜
→ ㉚
→ ⑩
→ ⑤
→ ①

扣眼

从左前身片（39针）
挑针

另线锁针（18针）
起针

从右前身片
（39针）挑针

● = 纽扣位置

→ ⑯
← ⑮
→ ⑩
← ⑤
← ①

扣眼

左前身片

右前身片

← ① 编织花样B（衣领）

连续编织

编织花样B（衣袖）

▷ = 加线
► = 剪线

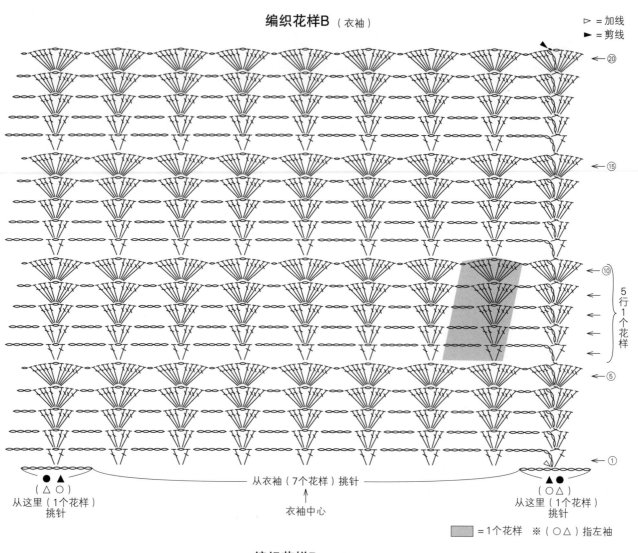

←⑳
←⑮
←⑩
5行1个花样
←⑤
←①

从衣袖（7个花样）挑针

衣袖中心

● ▲
（△ ○）
从这里（1个花样）挑针

▲ ●
（○ △）
从这里（1个花样）挑针

▭ =1个花样　※（○△）指左袖

编织花样B（衣领）

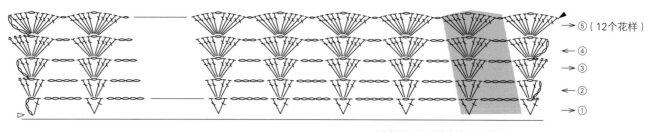

→⑤（12个花样）
←④
→③
←②
→①

※衣领第1行看着育克反面挑针

衣领（编织花样B）

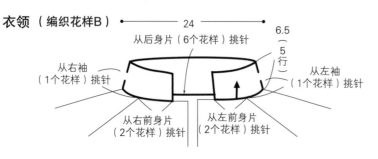

—— 24 ——

6.5
（5行）

从后身片（6个花样）挑针

从右袖（1个花样）挑针

从左袖（1个花样）挑针

从右前身片（2个花样）挑针

从左前身片（2个花样）挑针

5
p.7

准备▶和麻纳卡 Sonomono Suelee Alpaca 灰米色（82）295g/12团
直径15mm的纽扣3颗
钩针3/0号
成品尺寸▶胸围100.5cm，肩宽45cm，
衣长51cm，袖长23cm
编织密度▶编织花样：1个花样7.5cm，
11行为10cm
编织要点▶身片、衣袖　锁针起针，

参照图示做编织花样。身片编织至胁部37行后，右前身片、后身片、左前身片分开编织。衣袖按照相同方法编织26行。

组合　肩部做盖针接合，袖下使用毛线缝针做挑针缝合。前门襟、衣领做边缘编织。衣袖和身片对齐相同标记，钩织引拔针和锁针接合。左前门襟缝上纽扣。

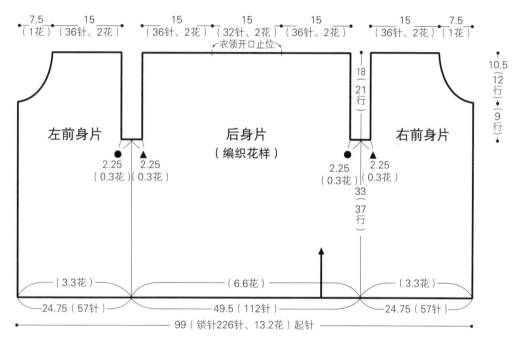

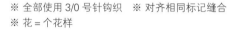

※ 全部使用 3/0 号针钩织　※ 对齐相同标记缝合
※ 花 = 个花样

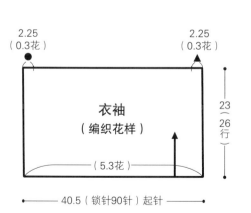

编织花样

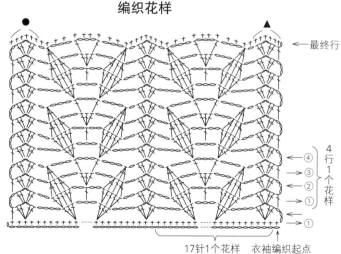

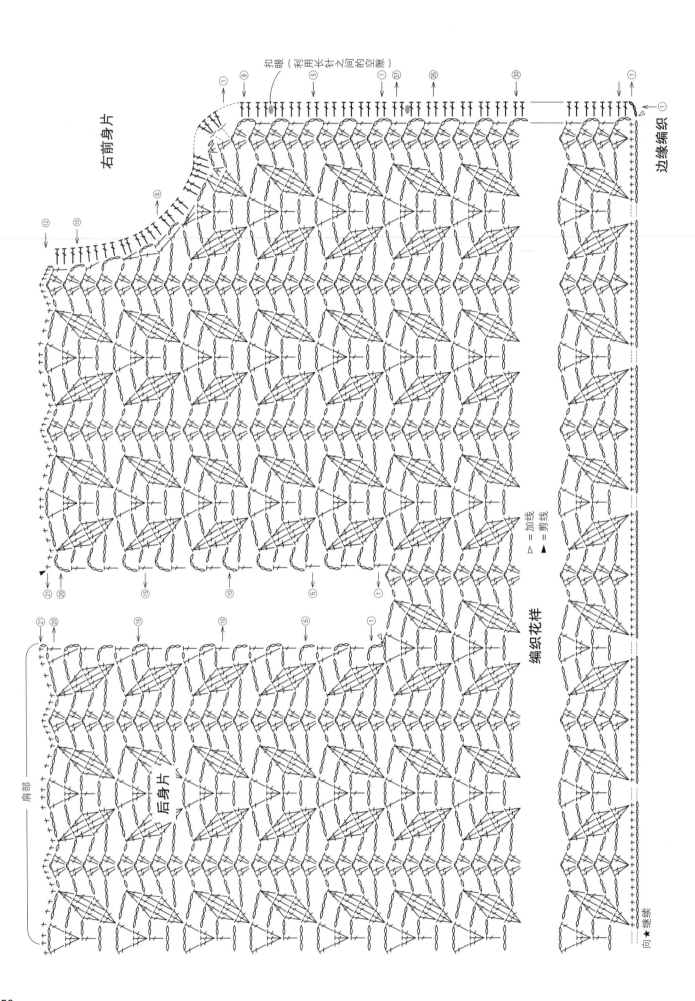

右前身片

扣眼（利用长针之间的空隙）

①　⑨　⑤　①　㊲　㉟　㉚　①

边缘编织

⑫　⑩　⑤

▷ ＝加线
▲ ＝剪线

编织花样

㉗　⑳　⑮　⑩　⑤　①

㉗　⑳　⑮　⑩　⑤　①

肩部

后身片

向★继续

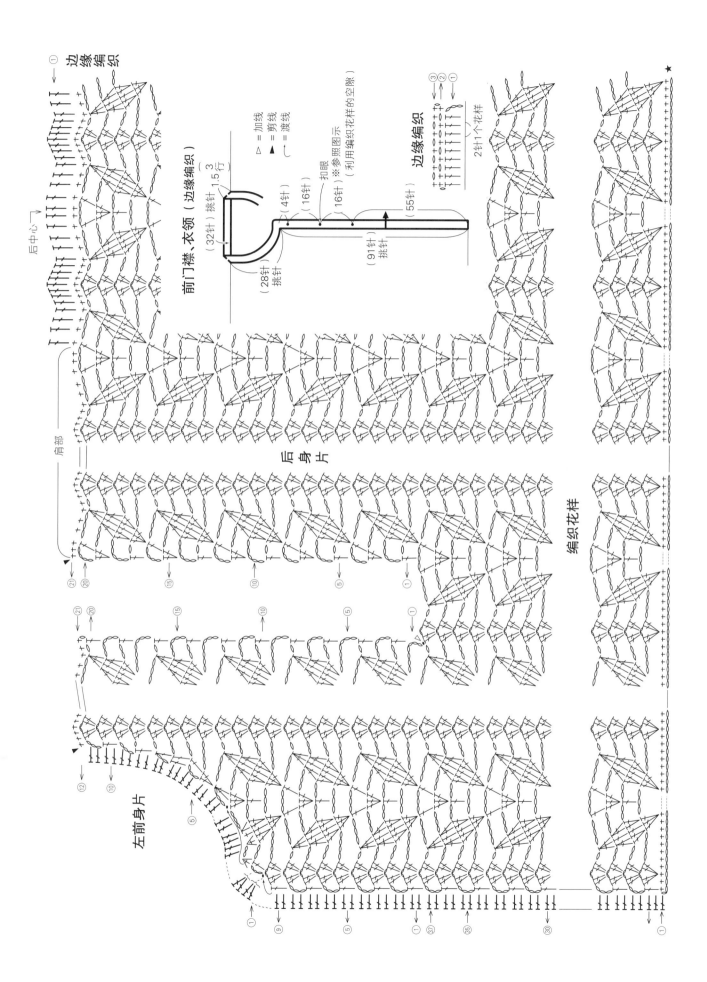

边缘编织

后中心

前门襟、衣领（边缘编织）

△ = 加线
▲ = 剪线
⌒ = 渡线

（32针）挑针 1.5行

（4针）

（16针）

扣眼（参照图示）

（16针）（利用编织花样的空隙）

（28针）挑针

（91针）挑针

（55针）

边缘编织

2针1个花样

肩部

后身片

编织花样

左前身片

6
p.8

准备▶和麻纳卡 Sonomono Suelee Alpaca 褐色（83）250g/10团
钩针3/0号

成品尺寸▶胸围96cm，衣长53cm，连肩袖长25cm

编织密度▶编织花样：1个花样5.3cm，13行为10cm

编织要点▶身片 锁针起针，参照图示做编织花样。
组合 肩部钩织引拔针和锁针接合，胁部钩织引拔针和锁针接合。下摆、衣领、袖口环形做边缘编织。

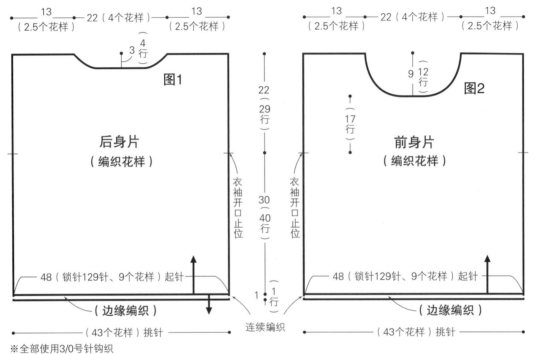

13（2.5个花样）　22（4个花样）　13（2.5个花样）

3（4行）　图1

后身片（编织花样）

13（2.5个花样）　22（4个花样）　13（2.5个花样）

9（12行）　图2

（17行）

前身片（编织花样）

22（29行）　30（40行）　1（1行）

衣袖开口止位

48（锁针129针、9个花样）起针

（边缘编织）

（43个花样）挑针

连续编织

48（锁针129针、9个花样）起针

（边缘编织）

（43个花样）挑针

※全部使用3/0号针钩织

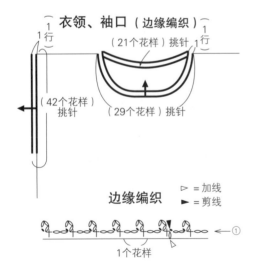

衣领、袖口（边缘编织）

（1行）　（21个花样）挑针　（1行）

（42个花样）挑针

（29个花样）挑针

边缘编织　▷=加线　▶=剪线

1个花样

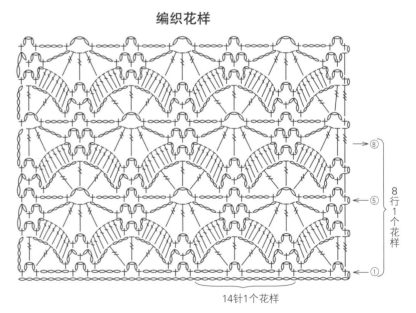

编织花样

8行1个花样

14针1个花样

52

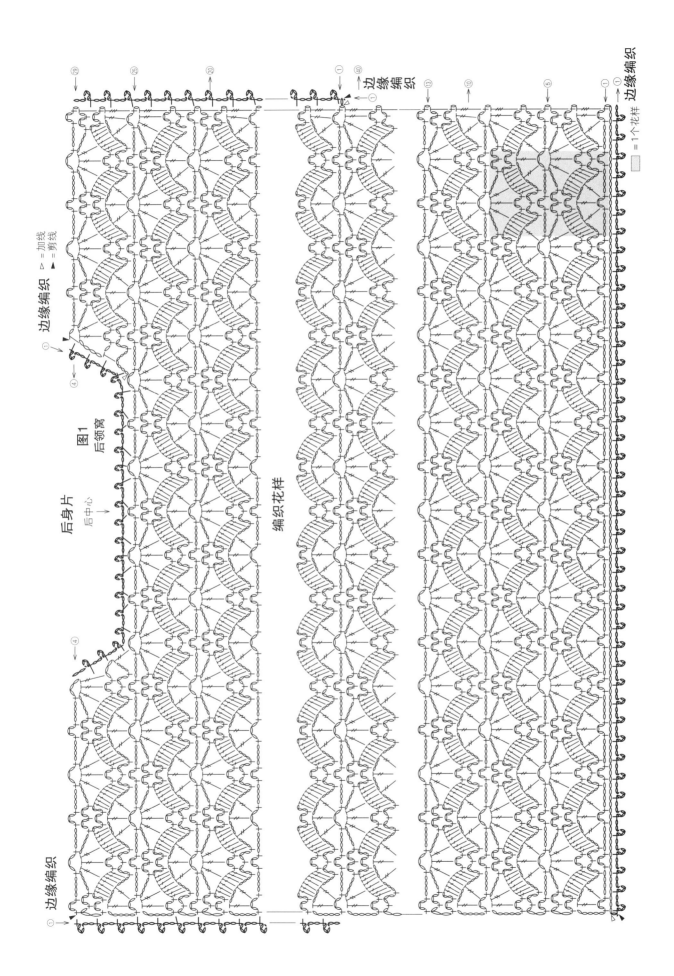

边缘编织 ▷ = 加线 ▶ = 剪线

图1
后领窝

后身片
后中心

编织花样

边缘编织

□ = 1个花样

53

6

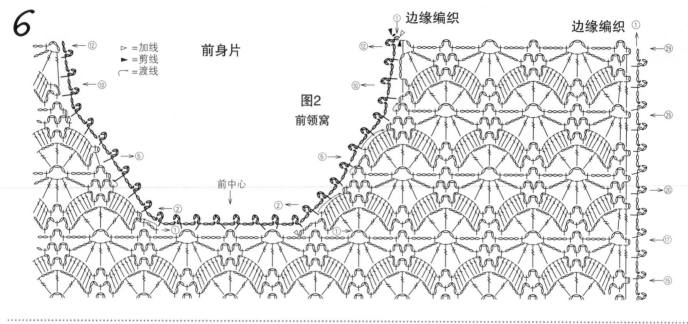

①边缘编织

前身片

图2
前领窝

前中心

▷ =加线
► =剪线
⌒ =渡线

边缘编织①

边缘编织

7

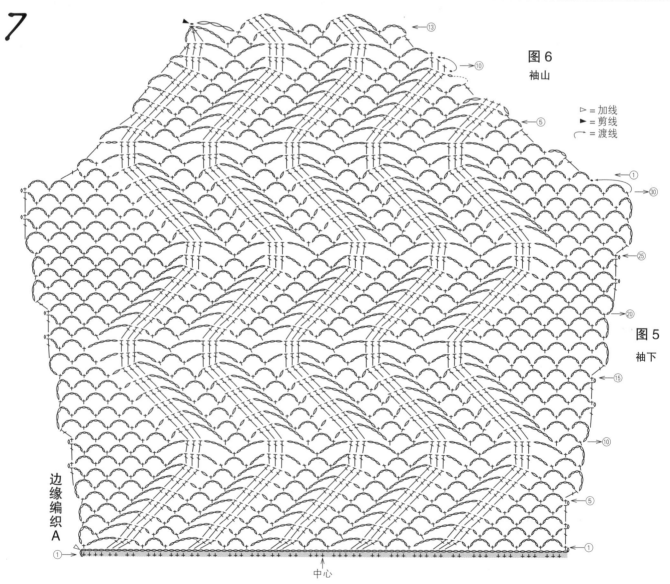

图6
袖山

▷ =加线
► =剪线
⌒ =渡线

图5
袖下

边缘编织A

中心

7

p.10

准备▶和麻纳卡 EXCEED WOOL FL（粗）粉橙色（239）280g/7团
钩针4/0号

成品尺寸▶胸围92cm，肩宽32cm，衣长51cm，袖长37cm

编织密度▶10cm×10cm面积内：编织花样30针，12.5行

编织要点▶身片、衣袖 锁针起针，参

照图示做编织花样。

组合 肩部参照图示钩织短针和锁针接合。胁部、袖下使用毛线缝针做挑针缝合。下摆和袖口做边缘编织A，衣领做边缘编织B，均环形钩织。衣袖和身片钩织引拔针和锁针接合。

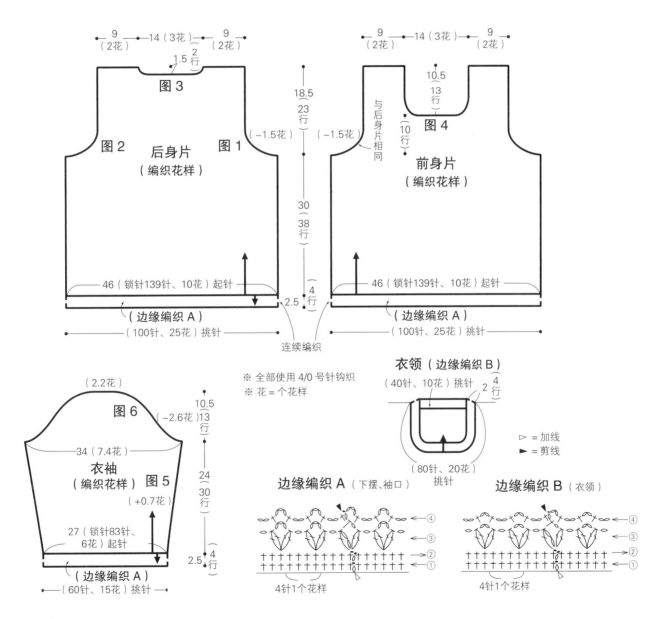

※ 全部使用 4/0 号针钩织
※ 花 = 个花样

9（2花） 14（3花） 9（2花）
1.5（2行）
图3
图2 图1
后身片（编织花样）
18.5（23行）
（-1.5花）
30（38行）
46（锁针139针、10花）起针
（边缘编织A）
（100针、25花）挑针
连续编织
2.5（4行）

9（2花） 14（3花） 9（2花）
10.5（13行）
图4
前身片（编织花样）
与后身片相同
（10行）
（-1.5花）
46（锁针139针、10花）起针
（边缘编织A）
（100针、25花）挑针

（2.2花）
图6
34（7.4花）
衣袖（编织花样）图5
10.5（13行）（-2.6花）
24（30行）
27（锁针83针、6花）起针
（+0.7花）
（边缘编织A）
（60针、15花）挑针
2.5（4行）

◀ 衣袖的编织方法见 p.54

衣领（边缘编织B）
（40针、10花）挑针
2（4行）
（80针、20花）挑针
▷ = 加线
► = 剪线

边缘编织A（下摆、袖口）
④ ③ ② ①
4针1个花样

边缘编织B（衣领）
④ ③ ② ①
4针1个花样

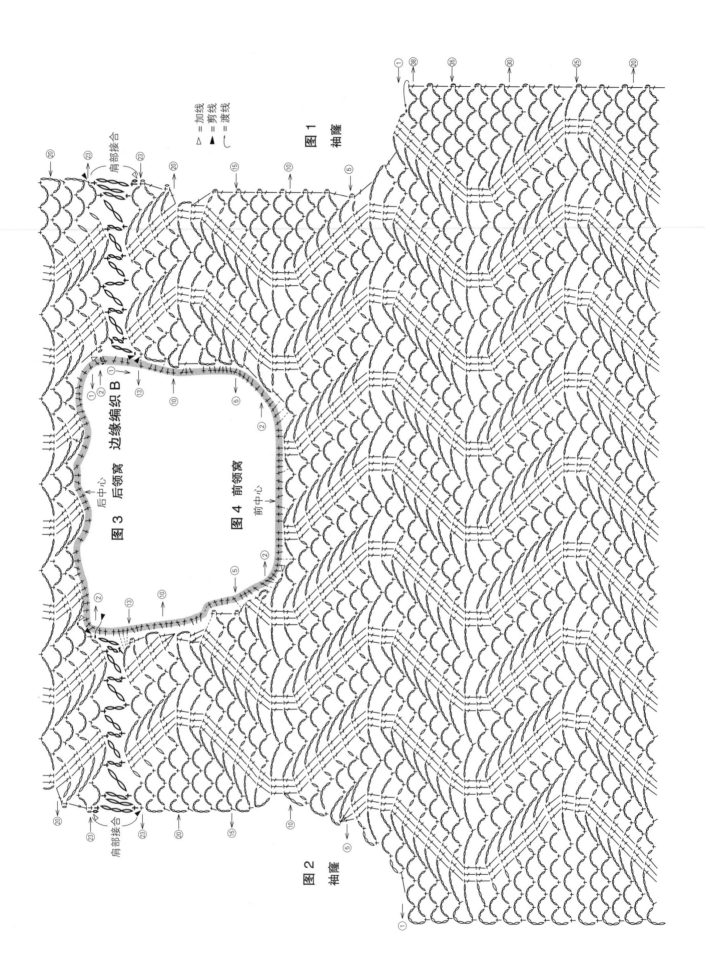

图 1
袖隆

图 2
袖隆

图 3 后领窝

图 4 前领窝

边缘编织 B

后领窝
后中心

前领窝
前中心

肩部接合

肩部接合

△ = 加线
▲ = 剪线
⌒ = 渡线

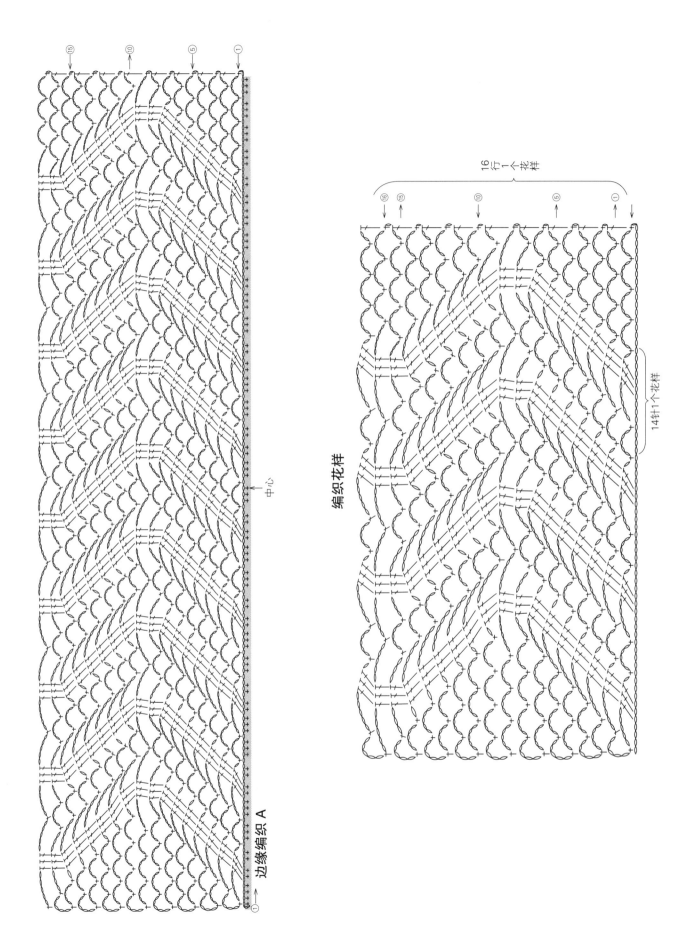

边缘编织 A

中心

编织花样

16行1个花样

14针1个花样

准备▶ 和麻纳卡 MOHAIR COLORFUL
藏青色+紫色系（201）165g/7团
直径17mm的纽扣5颗
钩针4/0号

成品尺寸▶ 胸围110cm，衣长49cm，
连肩袖长29cm

编织密度▶ 编织花样：1个花样13.5cm，
8行为10cm

编织要点▶ 育克、身片 锁针起针。育

克参照图示，一边分散加针，一边做编织花样。身片从育克的身片部分和锁针挑针，做编织花样，不加减针。下摆做2行边缘编织A。衣领从育克的起针挑针，钩织1行（为了让织片平整）。**组合** 前门襟、衣领连在一起做4行边缘编织B。第5行接着钩织下摆。袖口环形做边缘编织C。左前门襟缝上纽扣。

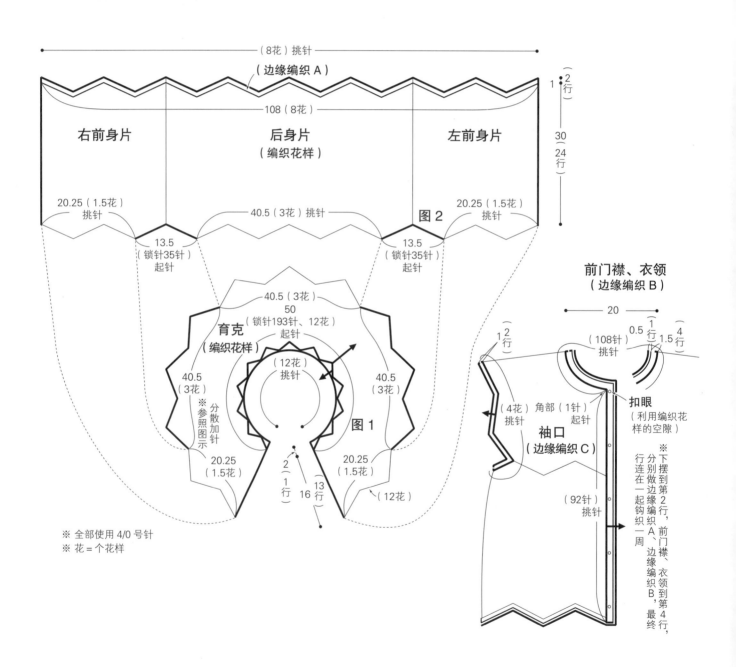

※ 全部使用 4/0 号针
※ 花 = 个花样

育克　图1

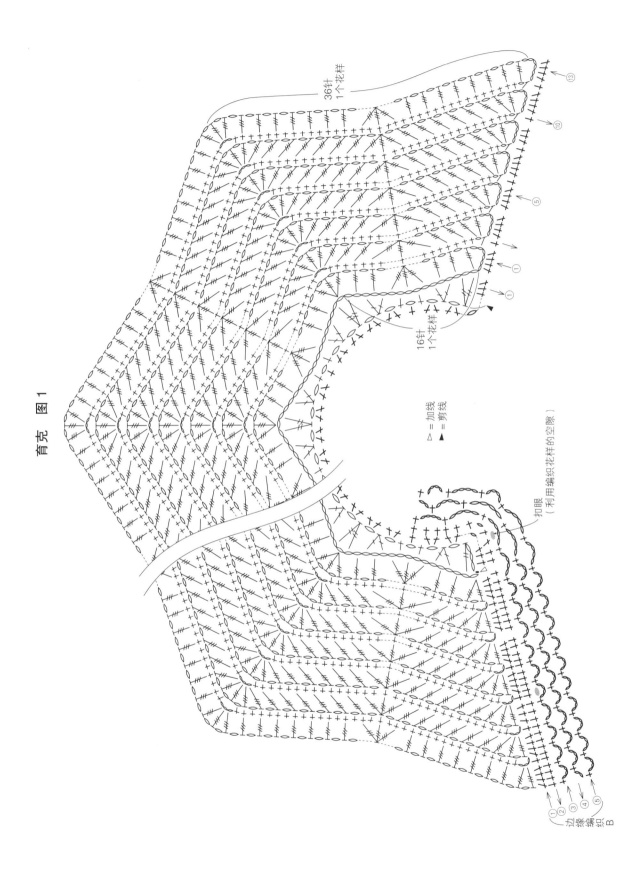

36针
1个花样

16针
1个花样

△ = 加线
▲ = 剪线

扣眼
(利用编织花样的空隙)

边缘编织B
①②③④⑤

⑬
⑩
⑤
①
①

59

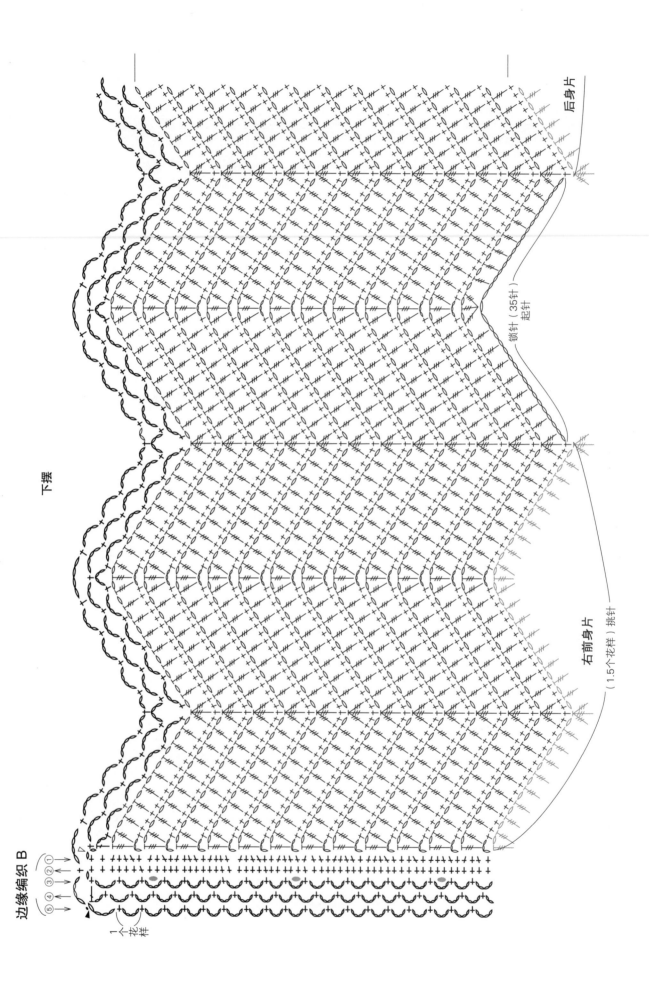

下摆

边缘编织 B

后身片

锁针（35针）
起针

右前身片

（1.5个花样）挑针

⑤④③②①

1个花样

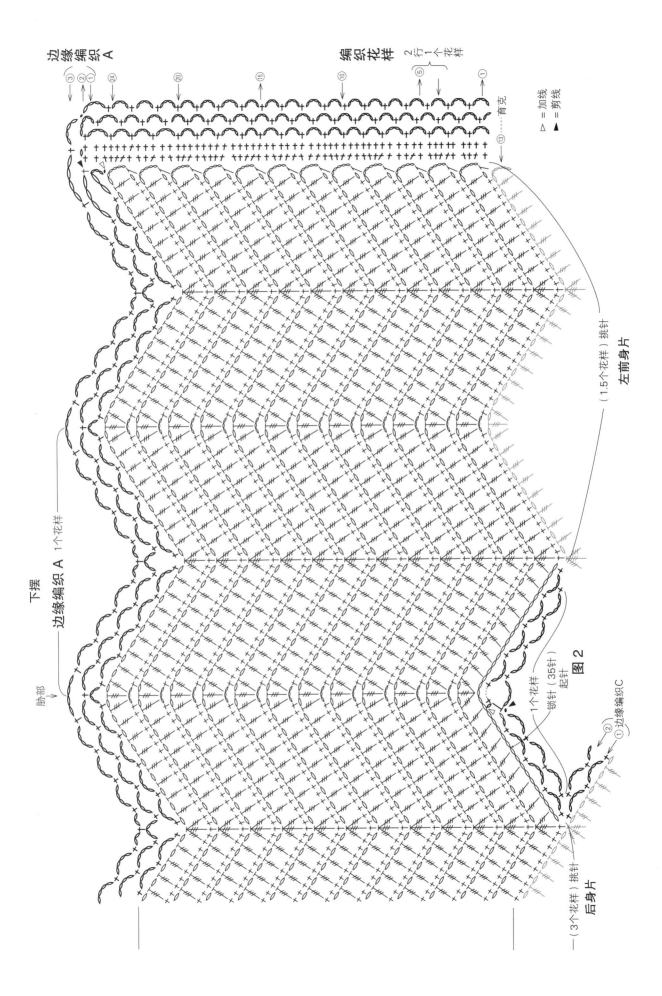

边缘编织 A

③
②
①

㉔

⑳

⑮

⑩

编织花样
2行1个花样
⑤

①

育克

△ = 加线
▲ = 剪线

下摆

边缘编织 A 1个花样

胁部

1.5个花样）挑针

左前身片

1个花样（35针）
起针

图 2

锁针

边缘编织 C
①
②

（3个花样）挑针

后身片

10
p.13

准备▶和麻纳卡 Mohair Memoir Wool
粉色、红色系（4）170g/7团
钩针5/0号、4/0号

成品尺寸▶胸围92cm，衣长70.5cm，
连肩袖长26.25cm

编织密度▶编织花样A：1个花样5.6cm，
9.5行为10cm
编织花样B：1个花样4.6cm，13.5行
为10cm

编织要点▶身片 锁针起针，参照图示
做编织花样A、A'、A"、B。袖下加针、
衣领减针均参照图示，同时做编织花样
A"、B。

组合 肩部做卷针缝缝合，胁部钩织引
拔针和锁针接合。下摆做边缘编织A，
衣领、袖口做边缘编织B，均环形钩织。

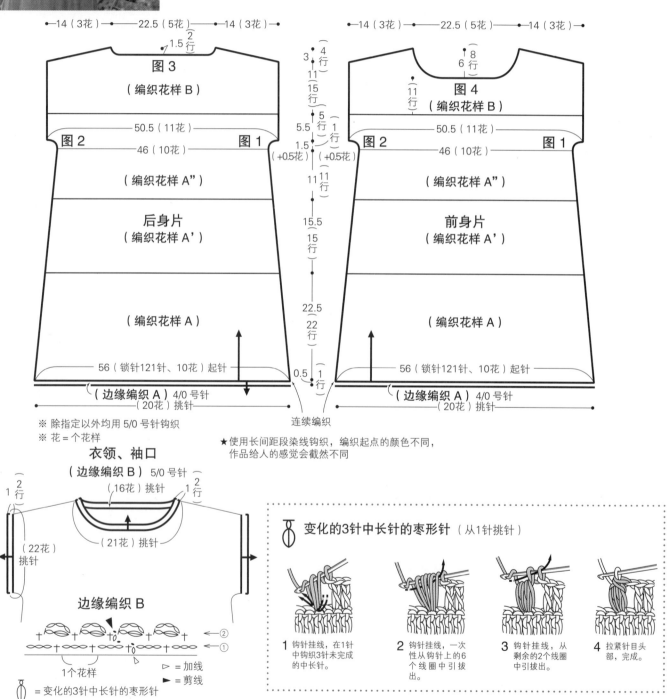

※ 除指定以外均用 5/0 号针钩织
※ 花 = 个花样

★ 使用长间距段染线钩织，编织起点的颜色不同，
作品给人的感觉会截然不同

衣领、袖口
（边缘编织 B）5/0 号针

边缘编织 B

1个花样
▷ = 加线
▶ = 剪线
⬮ = 变化的3针中长针的枣形针

变化的3针中长针的枣形针（从1针挑针）

1 钩针挂线，在1针
中钩织3针未完成
的中长针。

2 钩针挂线，一次
性从钩针上的6个
线圈中引拔出。

3 钩针挂线，从
剩余的2个线圈
中引拔出。

4 拉紧针目头
部，完成。

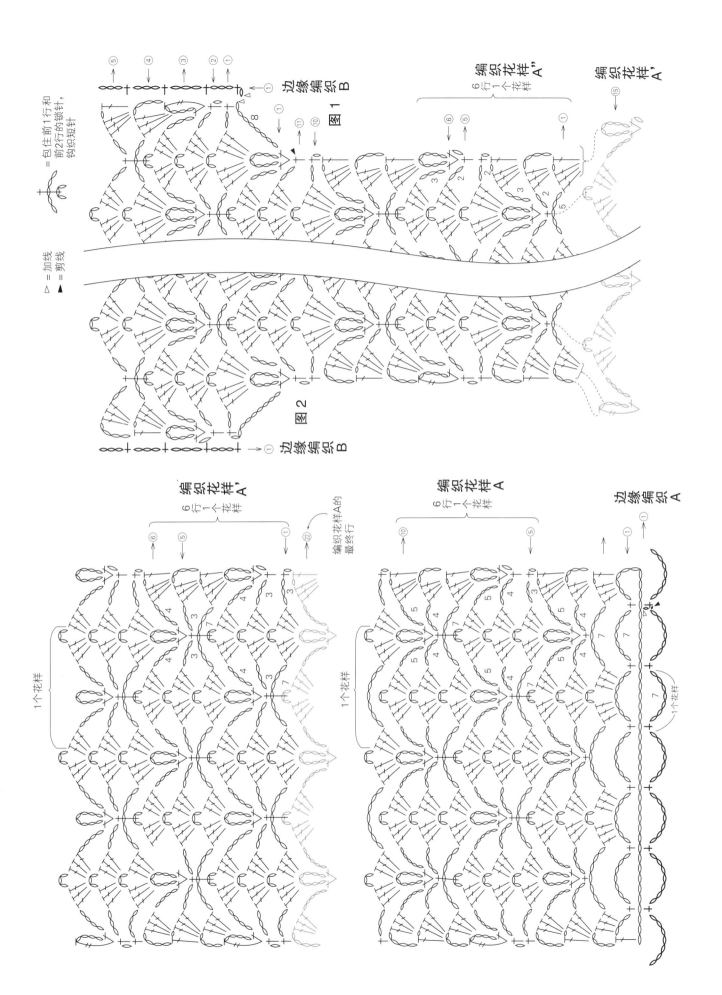

⑤ ④ ③ ② ①

＝ 包住前1行和
前2行的锁针，
钩织短针

△ ＝ 加线
▲ ＝ 剪线

编织花样 A″
6
行
1
个
花
样

⑥ ⑤ ①

边缘编织 B

图 1

编织花样
A′

⑮

⑪ ⑩

▲

边缘编织 B

图 2

编织花样
A′
6
行
1
个
花
样

⑥ ⑤ ①

㉒

编织花样A的
最终行

编织花样 A
6
行
1
个
花
样

⑩ ⑤ ①

1个花样

边缘编织 A

①

▲

△

1个花样

1个花样

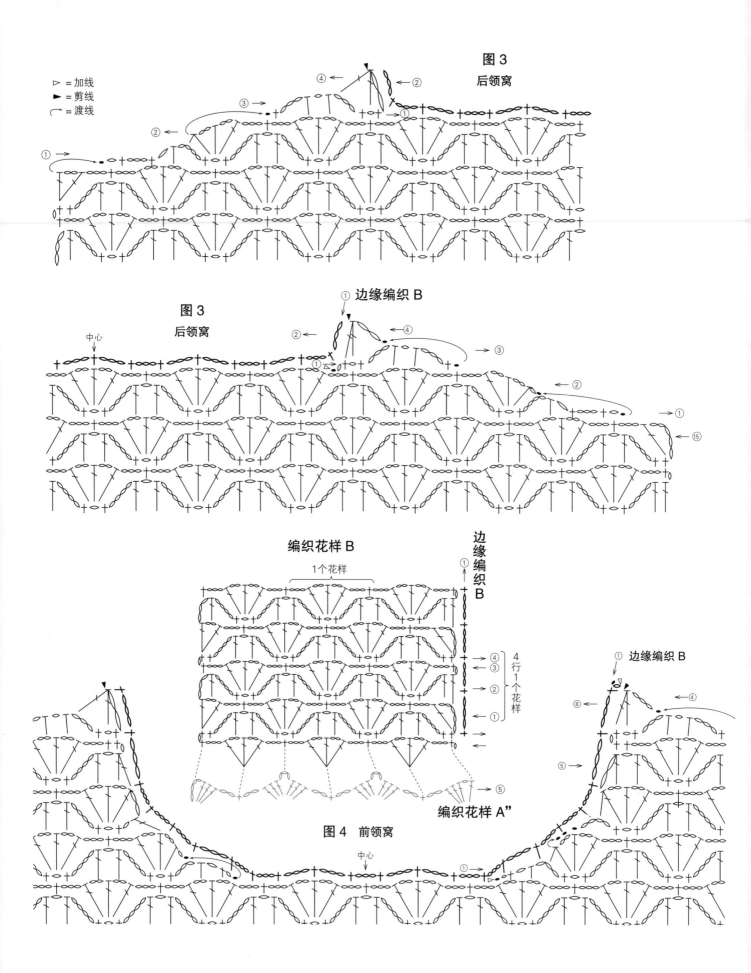

図 3
后领窝

▷ = 加线
► = 剪线
⌒ = 渡线

图 3
后领窝
中心

边缘编织 B

编织花样 B
1个花样

边缘编织 B

4行1个花样

编织花样 A"

图 4 前领窝
中心

边缘编织 B

9

p.12

准备▶ 和麻纳卡 Arcobaleno 绿色系
（102）165g/7团
钩针4/0号

成品尺寸▶ 胸围98cm，肩宽36cm，衣
长53.5cm

编织密度▶ 10cm×10cm面积内：编
织花样30针，10行

编织要点▶身片 锁针起针，参照图示
做编织花样。

组合 肩部做卷针缝缝合，胁部钩织引
拔针和锁针接合。下摆、衣领、袖窿环
形做边缘编织。

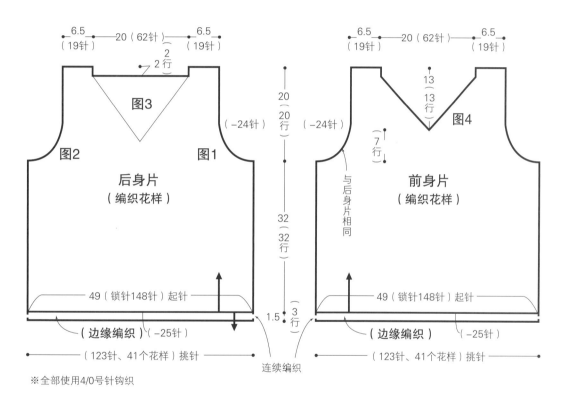

后身片
6.5（19针）　20（62针）　6.5（19针）

2行

图3

图2　图1

后身片
（编织花样）

49（锁针148针）起针

（边缘编织）　（−25针）

（123针、41个花样）挑针

20（20行）（−24针）

32（32行）

1.5（3行）

连续编织

前身片
6.5（19针）　20（62针）　6.5（19针）

13（13行）

图4

7行

与后身片相同

前身片
（编织花样）

49（锁针148针）起针

（边缘编织）　（−25针）

（123针、41个花样）挑针

※全部使用4/0号针钩织

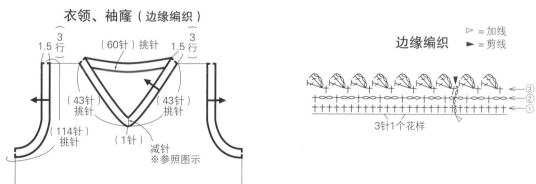

衣领、袖窿（边缘编织）

3行　（60针）挑针　3行

1.5　　　　　　　　　　1.5

（43针）挑针　（43针）挑针

（114针）挑针　（1针）　减针

※参照图示

边缘编织

▷ ＝ 加线
► ＝ 剪线

③
②
①

3针1个花样

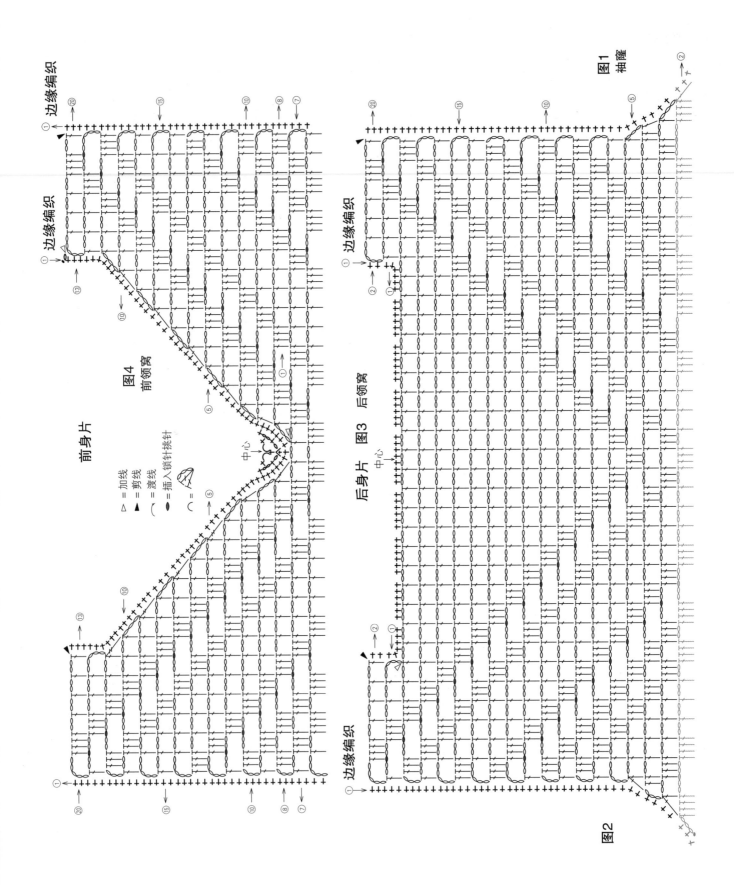

边缘编织
边缘编织
图4
前领窝
前身片
图3 后领窝
后身片
边缘编织
图1 袖窿
图2
中心

△ =加线
▲ =剪线
⌒ =渡线
● =插入锁针挑针

66

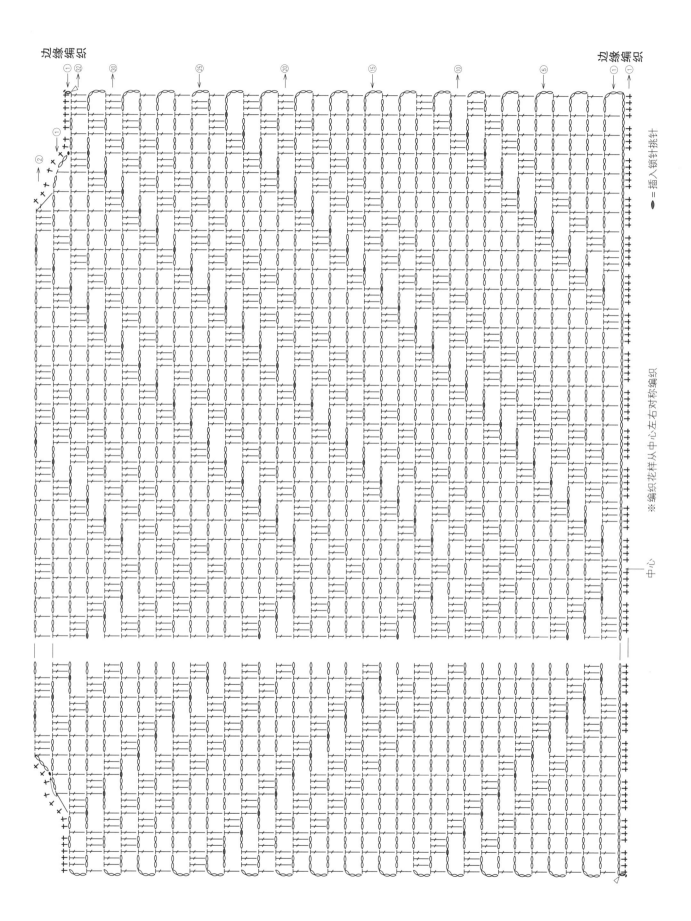

11
p.14

准备▶和麻纳卡 PARFUM 橙色系（2）
185g/8团
钩针4/0号

成品尺寸▶胸围90cm，肩宽35cm，
衣长59cm

编织密度▶编织花样A：1个花样
4.5cm，12行为10cm
编织花样B：1个花样10cm（上侧）、
13.5cm（下摆侧），9.5行为10cm

编织要点▶身片 锁针起针，从肩部开始做编织花样A，编织至袖窿和身片第1行。身片下侧做编织花样B，按照环形的往返编织方法将前后身片连在一起编织。

组合 肩部钩织引拔针和锁针接合，胁部1行钩织引拔针和锁针接合。衣领、袖窿分别环形做边缘编织，参照图示做分散减针。

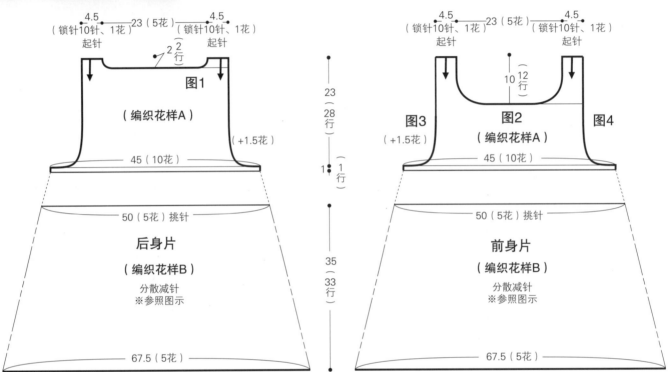

图1
（编织花样A）
23（5花）
锁针10针、1花 起针　4.5
锁针10针、1花 起针　4.5
2（2行）
（+1.5花）
45（10花）
50（5花）挑针
后身片
（编织花样B）
分散减针
※参照图示
67.5（5花）

图3（+1.5花）
图2（编织花样A）
图4
锁针10针、1花 起针　4.5
锁针10针、1花 起针　4.5
23（5花）
10（12行）
45（10花）
50（5花）挑针
前身片
（编织花样B）
分散减针
※参照图示
67.5（5花）

23（28行）
1（1行）
35（33行）

※全部使用4/0号针钩织
※花＝个花样

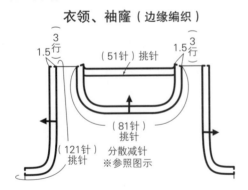

衣领、袖窿（边缘编织）

3（行）
1.5（行）
3（行）
1.5（行）
（51针）挑针
（81针）挑针
（121针）挑针
分散减针
※参照图示

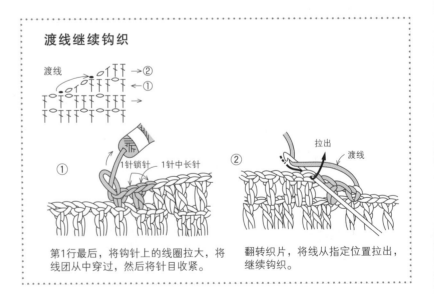

渡线继续钩织

渡线
→②
←①
→

① 1针锁针　1针中长针
第1行最后，将钩针上的线圈拉大，将线团从中穿过，然后将针目收紧。

② 拉出　渡线
翻转织片，将线从指定位置拉出，继续钩织。

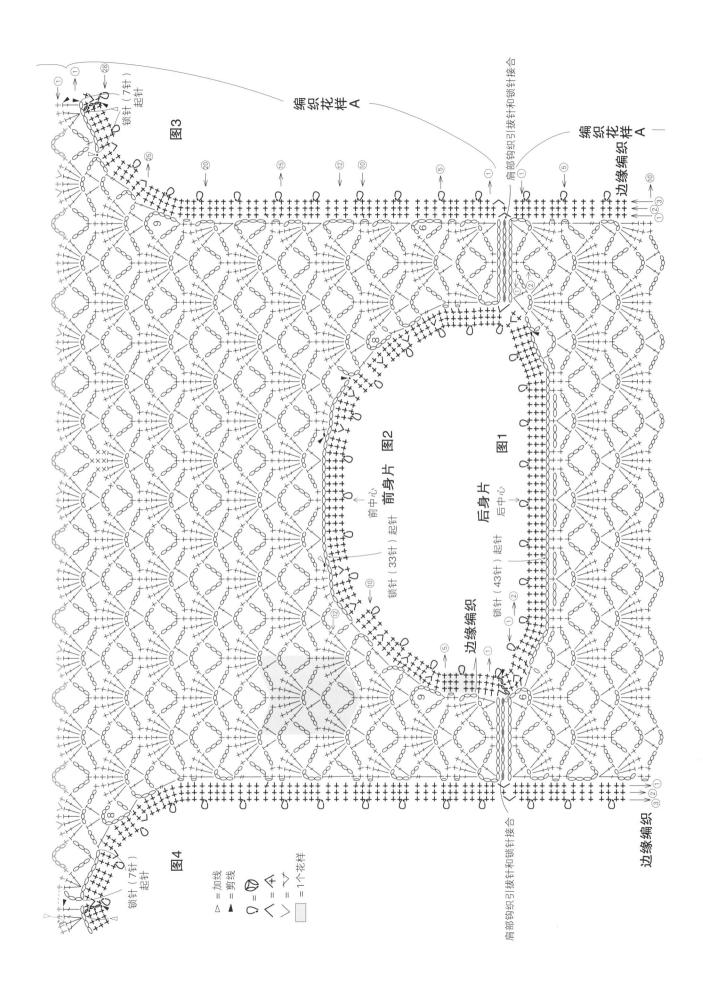

编织花样A

图3

图1

图2

后身片

前身片

图4

编织花样A

边缘编织

肩部钩织引拔针和锁针接合

锁针（7针）
起针

锁针（7针）
起针

锁针（33针）起针

锁针（43针）起针

前中心

后中心

边缘编织

边缘编织

肩部钩织引拔针和锁针接合

▷ = 加线
▲ = 剪线
Ω = ⦶
∧ = ↑
∨ = ↓
▨ = 1个花样

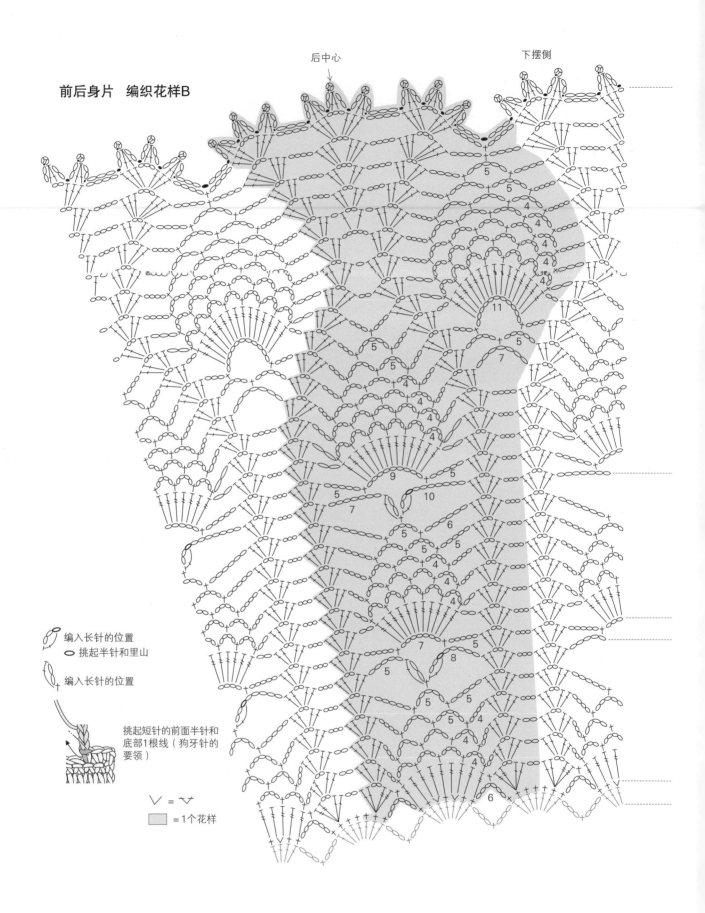

前后身片　编织花样B

后中心

下摆侧

编入长针的位置
挑起半针和里山

编入长针的位置

挑起短针的前面半针和
底部1根线（狗牙针的
要领）

∨ = ∨

= 1个花样

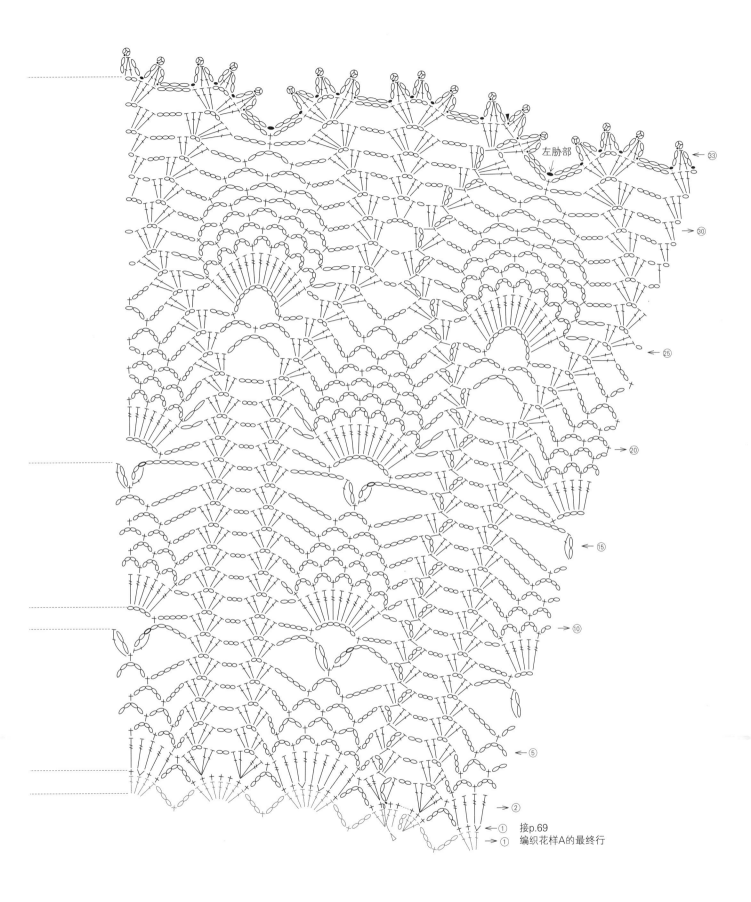

左胁部

㉝

㉚

㉕

⑳

⑮

⑩

⑤

②

① 接p.69
① 编织花样A的最终行

12
p.15

准备▶和麻纳卡 Sonomono Suelee
Alpaca 原白色（81）255g/11团
钩针3/0号、4/0号
成品尺寸▶胸围98cm，肩宽38cm，
衣长56cm
编织密度▶编织花样A：1个花样
3.75cm，14行为10cm
编织花样B：1个花样3.5cm，12.5行
为10cm

编织要点▶身片 锁针起针，从肩部开始编织，一边加针一边做编织花样A至胁部。然后做编织花样B。
组合 肩部钩织引拔针和锁针接合，胁部钩织引拔针和锁针接合。下摆、衣领、袖窿环形做边缘编织。

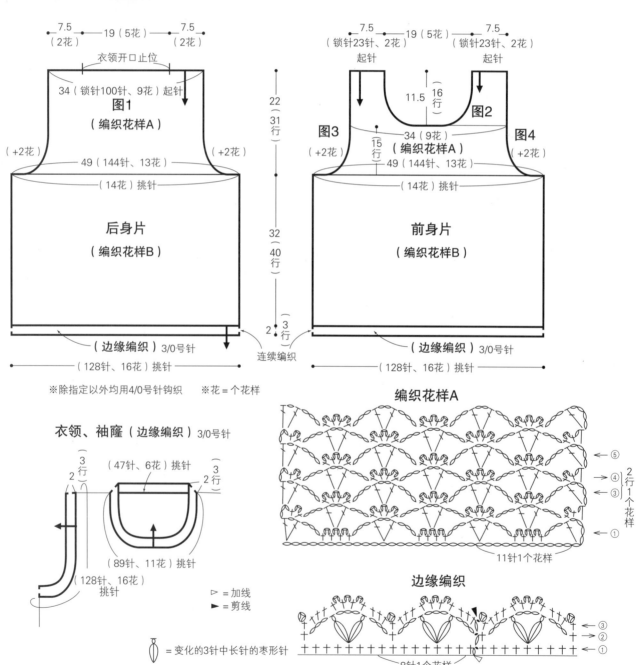

7.5（2花）— 19（5花）— 7.5（2花）
衣领开口止位
34（锁针100针、9花）起针
图1
（编织花样A）
（+2花） 49（144针、13花）（+2花）
（14花）挑针
后身片
（编织花样B）
（边缘编织）3/0号针
（128针、16花）挑针

22（31行）
32（40行）
2（3行）
连续编织

7.5（锁针23针、2花）— 19（5花）— 7.5（锁针23针、2花）
起针　起针
11.5（16行）
图3（+2花）　34（9花）　图4（+2花）
15行
图2
（编织花样A）
49（144针、13花）
（14花）挑针
前身片
（编织花样B）
（边缘编织）3/0号针
（128针、16花）挑针

※除指定以外均用4/0号针钩织　※花=个花样

衣领、袖窿（边缘编织）3/0号针
（3行）2 （47针、6花）挑针 2（3行）
（89针、11花）挑针
（128针、16花）挑针
▷ = 加线
► = 剪线
= 变化的3针中长针的枣形针

编织花样A
⑤
④
③ 2行1个花样
①
11针1个花样

边缘编织
③
②
①
8针1个花样

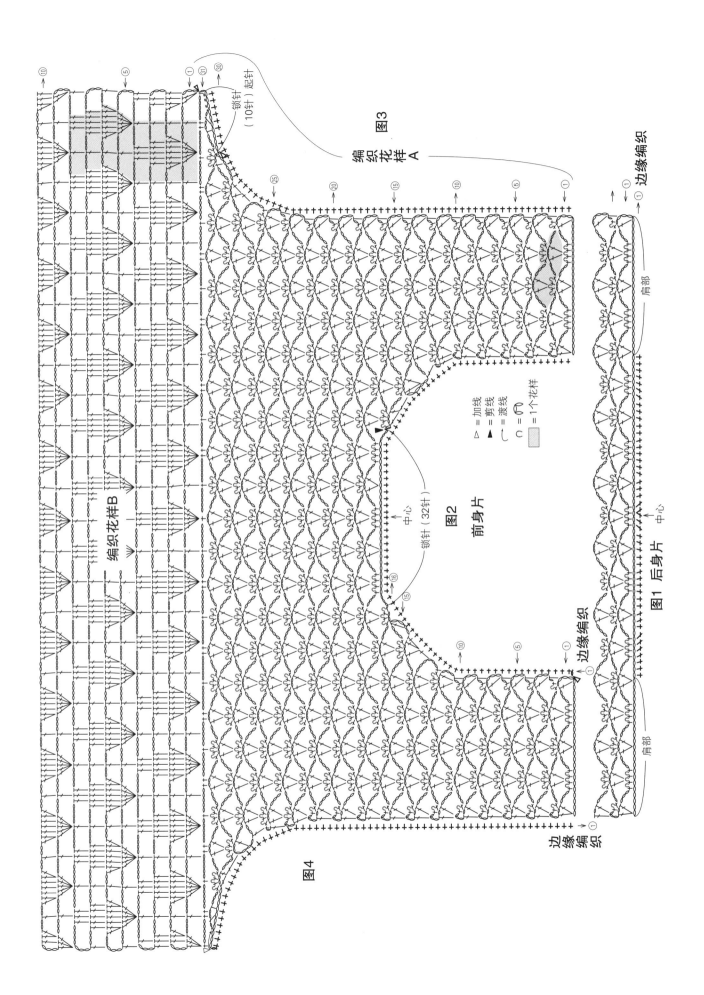

锁针（10针）起针

编织花样A

图3

编织花样B

锁针（32针）

中心

图2

前身片

▷ = 加线
▲ = 剪线
⌒ = 渡线
∩ = ⌒
▨ = 1个花样

边缘编织

①

边缘编织

肩部

中心

图1 后身片

边缘编织

①

边缘编织

肩部

图4

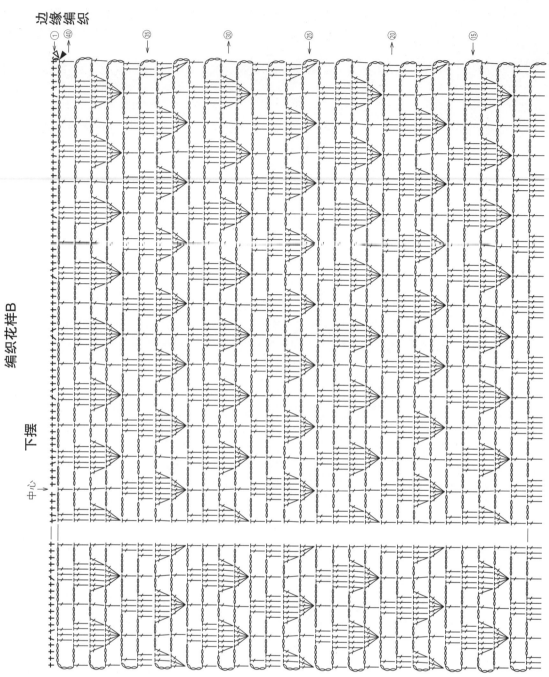

边缘编织

①40 35 30 25 20 15

编织花样B

下摆

中心

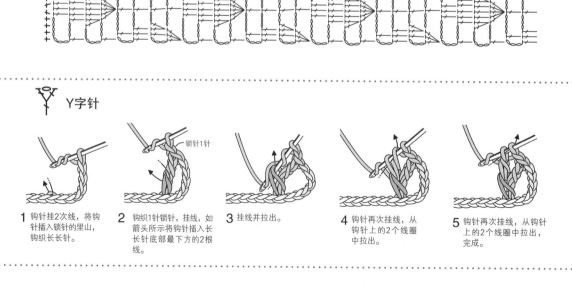

Y字针

1 钩针挂2次线，将钩针插入锁针的里山，钩织长长针。

2 钩织1针锁针，挂线，如箭头所示将钩针插入长长针底部最下方的2根线。

锁针1针

3 挂线并拉出。

4 钩针再次挂线，从钩针上的2个线圈中拉出。

5 钩针再次挂线，从钩针上的2个线圈中拉出，完成。

13
p.16

准备▶和麻纳卡 Arcobaleno 黑色系
（108）250g/10 团
钩针 3/0 号、4/0 号
成品尺寸▶胸围 94cm，衣长 53cm，
连肩袖长 26.5cm
编织密度▶ 10cm×10cm 面积内：长
针、编织花样均为 22 针，11.5 行

编织要点▶身片 锁针起针，参照图示
钩织长针和编织花样。领窝参照图示减
针。
组合 肩部做卷针缝缝合，胁部钩织引
拔针和锁针接合。下摆、袖口环形做边
缘编织。衣领一边换针一边环形钩织长
针，折向内侧并做藏针缝缝合。

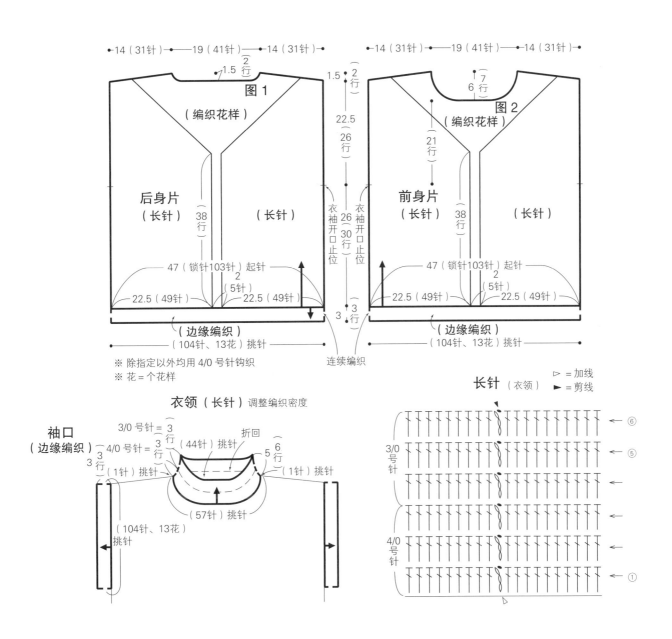

※ 除指定以外均用 4/0 号针钩织
※ 花 = 个花样

图 1（后身片）
- 14（31针）— 19（41针）— 14（31针）
- 1.5（2行）
- （编织花样）
- 后身片（长针）（长针）
- 22.5（26行）
- 38 行
- 47（锁针103针）起针
- 2（5针）
- 22.5（49针）　22.5（49针）
- （边缘编织）
- （104针、13花）挑针

图 2（前身片）
- 14（31针）— 19（41针）— 14（31针）
- 7行
- 6
- （编织花样）
- 前身片（长针）（长针）
- 21 行
- 38 行
- 47（锁针103针）起针
- 2（5针）
- 22.5（49针）　22.5（49针）
- （边缘编织）
- （104针、13花）挑针

中间：
- 1.5（2行）
- 22.5（26行）
- 26（30行）衣袖开口止位
- 3（3行）
- 连续编织

衣领（长针）调整编织密度
- 3/0 号针（3行）
- 4/0 号针（3行）
- 折回
- （44针）挑针
- 5（6行）
- （1针）挑针　（1针）挑针
- （57针）挑针

袖口（边缘编织）
- 3 行
- （104针、13花）挑针

长针（衣领）
- ▷ = 加线
- ▶ = 剪线
- 3/0 号针
- 4/0 号针
- ⑥ ⑤ ④ ③ ② ①

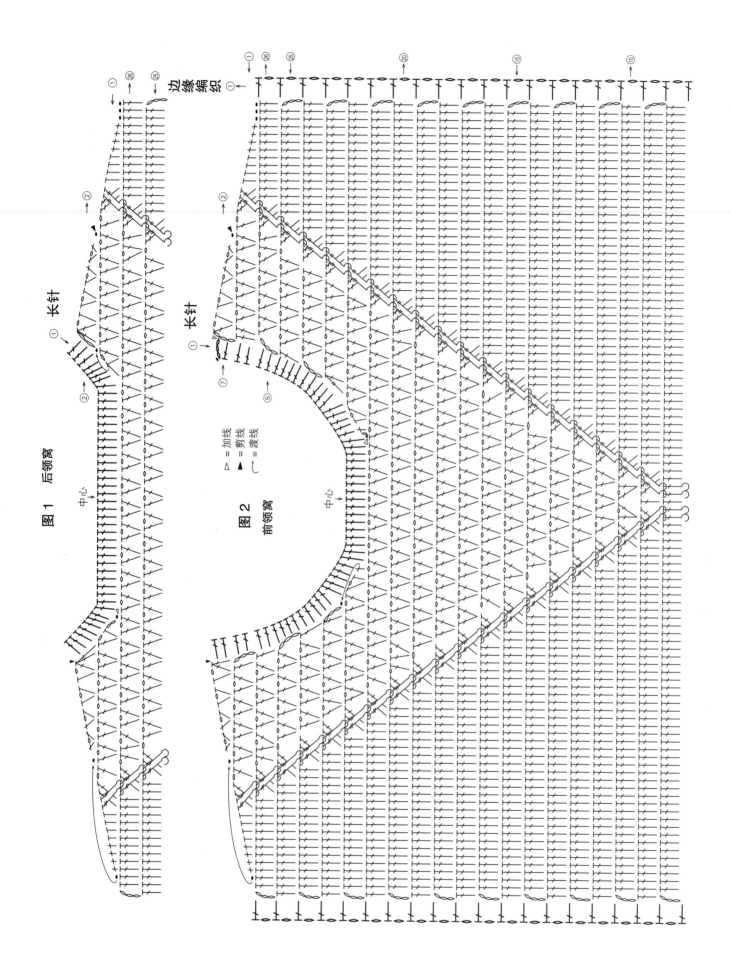

图1 后领窝

长针

图2 前领窝

长针

边缘编织

▷ = 加线
▲ = 剪线
⌒ = 渡线

中心

76

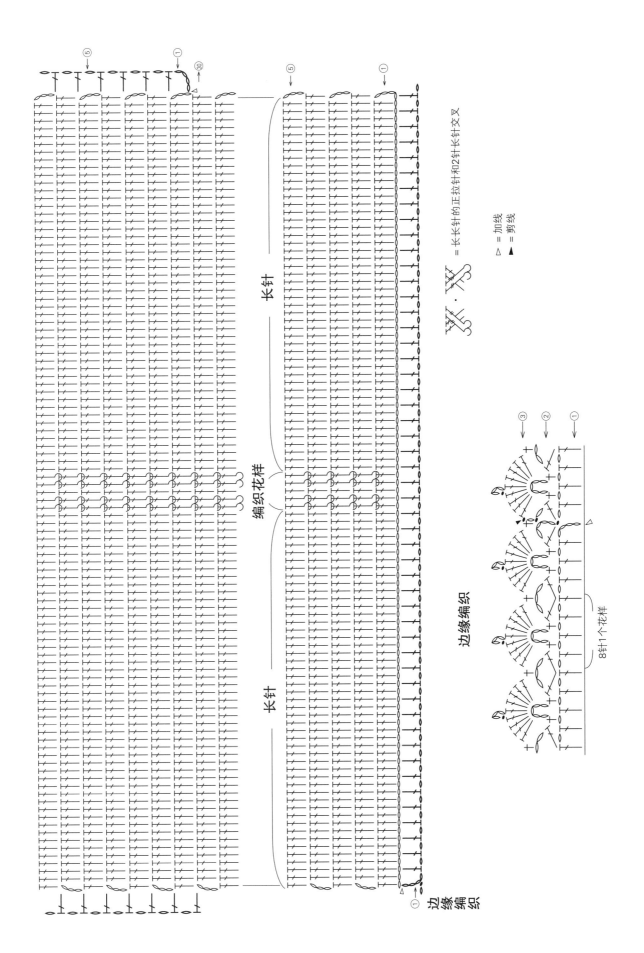

⑤

①

㉚

⑤

①

长针

编织花样

长针

⊳ = 加线
▲ = 剪线

= 长长针的正拉针和2针长针交叉

③

②

①

边缘编织

8针1个花样

①
边
缘
编
织

14
p.17

准备▶和麻纳卡 Mohair Glass 洋红色（5）190g/8团
钩针5/0号

成品尺寸▶胸围98cm，肩宽37.5cm，衣长53.5cm

编织密度▶编织花样：1个花样8.2cm，8行为10cm

编织要点▶身片 锁针起针，参照图示做编织花样。袖窿、领窝参照图示减针。

组合 肩部和胁部做卷针缝缝合。下摆环形做边缘编织A。衣领、袖窿环形做边缘编织B。

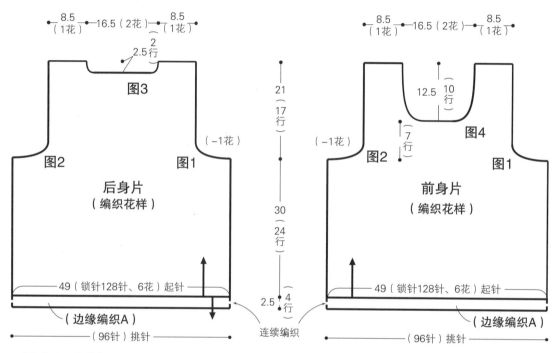

图3

8.5（1花）— 16.5（2花）— 8.5（1花）

2.5（2行）

图2　图1

后身片
（编织花样）

（−1花）

49（锁针128针、6花）起针

（边缘编织A）

（96针）挑针

21（17行）

30（24行）

2.5（4行）

连续编织

8.5（1花）— 16.5（2花）— 8.5（1花）

12.5（10行）

（7行）

图4

（−1花）

图2　图1

前身片
（编织花样）

49（锁针128针、6花）起针

（边缘编织A）

（96针）挑针

※全部使用5/0号针钩织
※花 = 个花样

衣领、袖窿（边缘编织B）

（4行）2

（40针）挑针

（4行）2

（88针）挑针

（64针）挑针

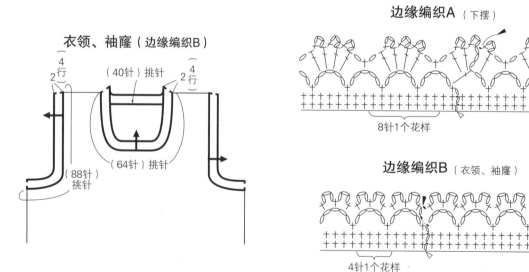

边缘编织A（下摆）

▷ = 加线
► = 剪线

8针1个花样

①②③④

边缘编织B（衣领、袖窿）

4针1个花样

①②③④

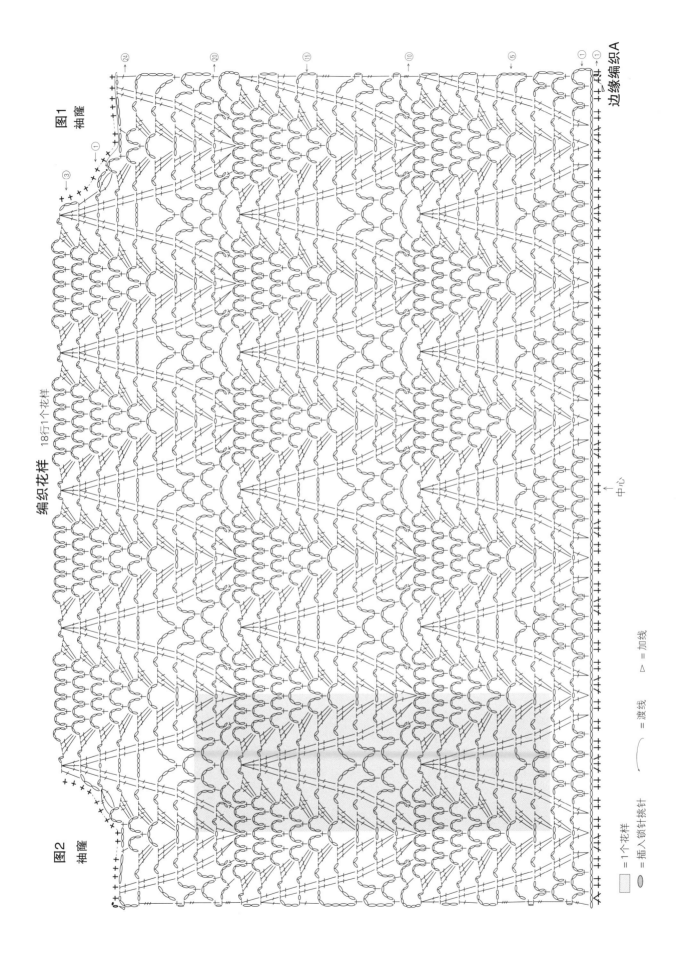

编织花样 18行1个花样

图1
袖窿

图2
袖窿

边缘编织A

中心

= 1个花样
= 插入锁针挑针
= 渡线
▷ = 加线

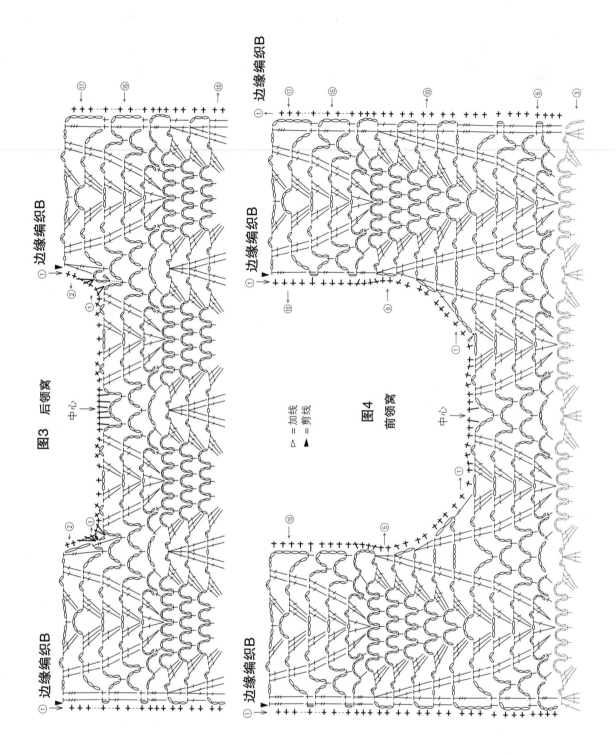

图3 后领窝

图4 前领窝

△ = 加线
▲ = 剪线

80

15
p.18

准备▶和麻纳卡 纯毛中细 淡蓝色（39）170g/5团，淡米色（2）155g/4团，芥末黄色（43）120g/3团 钩针5/0号

成品尺寸▶胸围100cm，衣长54.3cm，连肩袖长55.3cm

编织密度▶花片对角线分别长10cm、12cm

编织要点▶身片、衣袖 参照图示和配色表，一边换色一边钩织花片。身片花片在最终行连接，钩织必要的片数，连成带状。衣袖花片连接成环状。

组合 将带状花片正面相对对齐，2片一起挑针，钩织引拔针连接。下摆、袖口环形钩织1行引拔针。衣领环形钩织短针。

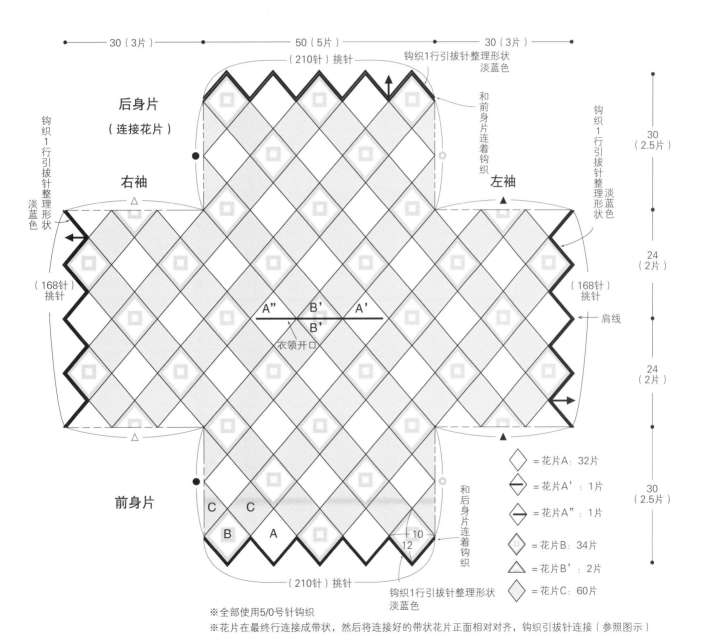

30（3片）　50（5片）　30（3片）

（210针）挑针　钩织1行引拔针整理形状 淡蓝色

后身片（连接花片）

和前身片连着钩织

钩织1行引拔针整理形状 淡蓝色

30（2.5片）

右袖

钩织1行引拔针整理形状 淡蓝色

左袖

（168针）挑针

（168针）挑针

24（2片）

A" B' A'
B'
衣领开口

肩线

24（2片）

前身片

C C
B A

和后身片连着钩织

10
12

30（2.5片）

（210针）挑针

钩织1行引拔针整理形状 淡蓝色

◇ = 花片A：32片

─ = 花片A'：1片

─ = 花片A"：1片

◇ = 花片B：34片

△ = 花片B'：2片

◇ = 花片C：60片

※全部使用5/0号针钩织
※花片在最终行连接成带状，然后将连接好的带状花片正面相对对齐，钩织引拔针连接（参照图示）

花片A、B、C

花片的配色

行	花片A、A'、A"	花片B、B'	花片C
3、6	芥末黄色	淡蓝色	淡米色
2、5	淡蓝色	芥末黄色	芥末黄色
1、4	淡米色	淡米色	淡蓝色

※配色线除指定以外均不剪断，直接渡至下一行

▷ = 加线
► = 剪线

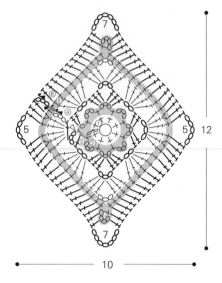

12

10

短针（衣领）

←③
←②
←①

衣领（短针）

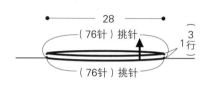

28

（76针）挑针

（76针）挑针

3行

● = 插入锁针挑针，钩织引拔针
● = 挑起长针头部的后侧1根线，钩织引拔针

花片的连接方法和下摆、袖口的引拔针

※连接花片的引拔针，以及下摆、袖口的引拔针，全部使用淡蓝色线
※作品16连接花片的引拔针，全部使用炭灰色线

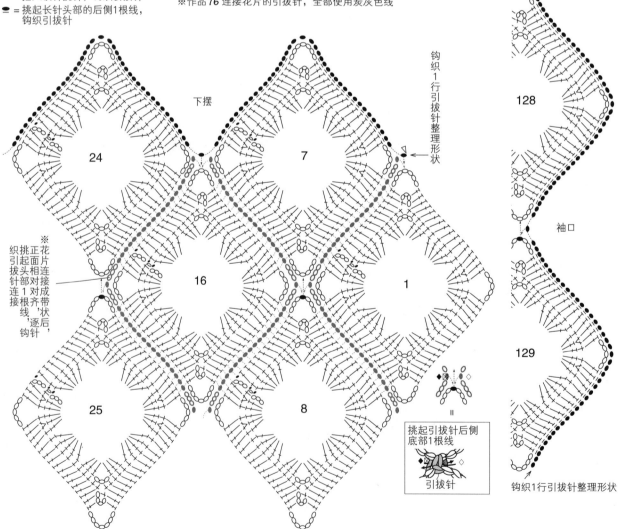

下摆

24

7

16

1

25

8

※织挑正花引起面片引拔头相连针部对接连1对成接接根齐带线'状'逐后，钩针

钩织1行引拔针整理形状

128

袖口

129

挑起引拔针后侧底部1根线

引拔针

钩织1行引拔针整理形状

连接花片的顺序

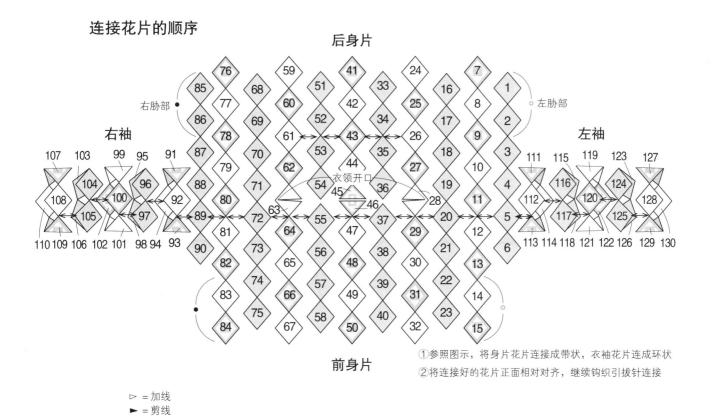

右胁部 ●　　　左胁部 ○

右袖　　　后身片　　　左袖

前身片

①参照图示，将身片花片连接成带状，衣袖花片连成环状
②将连接好的花片正面相对对齐，继续钩织引拔针连接

▷ = 加线
► = 剪线

花片A'、A"、B' 和衣领的短针

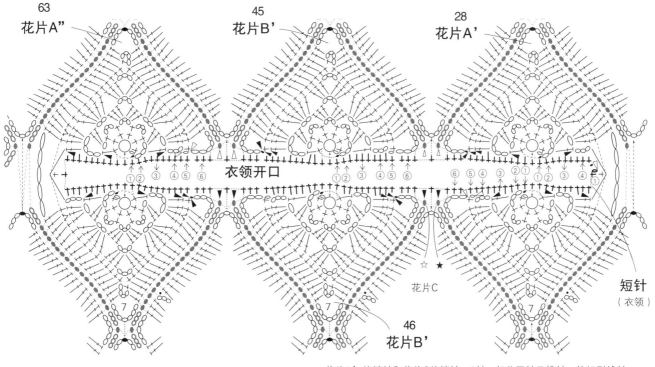

63 花片A"　　45 花片B'　　28 花片A'

衣领开口

花片C

短针
（衣领）

46 花片B'

★ = 花片A'的锁针和花片C的锁针，2针一起分开针目挑针，钩织引拔针
☆ = 花片B'的锁针和花片C的锁针，2针一起分开针目挑针，钩织引拔针

16
p.19

准备▶和麻纳卡 纯毛中细 炭灰色（28）105g/3团，白色（26）90g/3团，灰色（27）70g/2团
钩针5/0号

成品尺寸▶胸围100cm，衣长54cm，肩宽42cm

编织密度▶花片对角线分别长10cm、12cm

编织要点▶身片 参照图示和配色表，一边换色一边钩织花片。花片在最终行连接，钩织必要的片数，连成带状。
组合 将带状花片正面相对对齐，2片一起挑针，钩织引拔针连接。下摆环形钩织1行引拔针（参照p.82）。衣领、袖窿环形钩织短针。

花片的配色

行	花片A、A'、A"、A'''	花片B、B'、B"	花片C
3、6	灰色	炭灰色	白色
2、5	炭灰色	灰色	灰色
1、4	白色	白色	炭灰色

※配色线除指定以外均不剪断，直接渡至下一行

衣领（短针）

28
（76针）挑针
（76针）挑针
1
3行

短针（衣领、袖窿）

←③
←②
←①

▷ = 加线
► = 剪线

◇ = 花片A：16片
◸ = 花片A'：1片
◹ = 花片A"：1片
◁ = 花片A'''：4片
◇ = 花片B：20片
△ = 花片B'：2片
◁ = 花片B"：2片
◇ = 花片C：36片

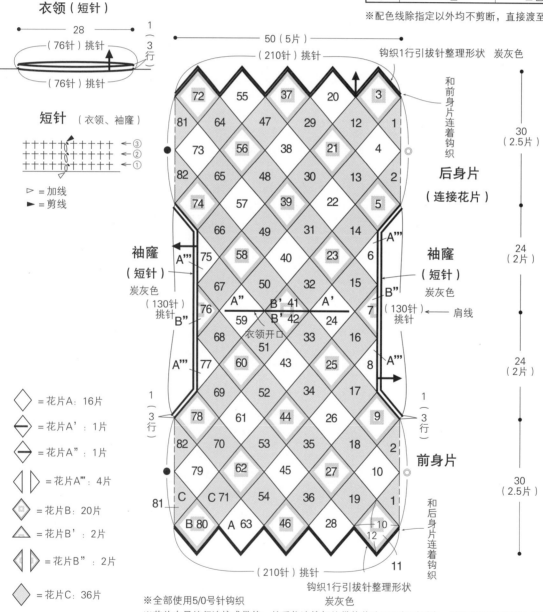

※全部使用5/0号针钩织
※花片在最终行连接成带状，然后将连接好的带状花片正面相对对齐，钩织引拔针连接（参照p.82、83）

花片A′″、B″

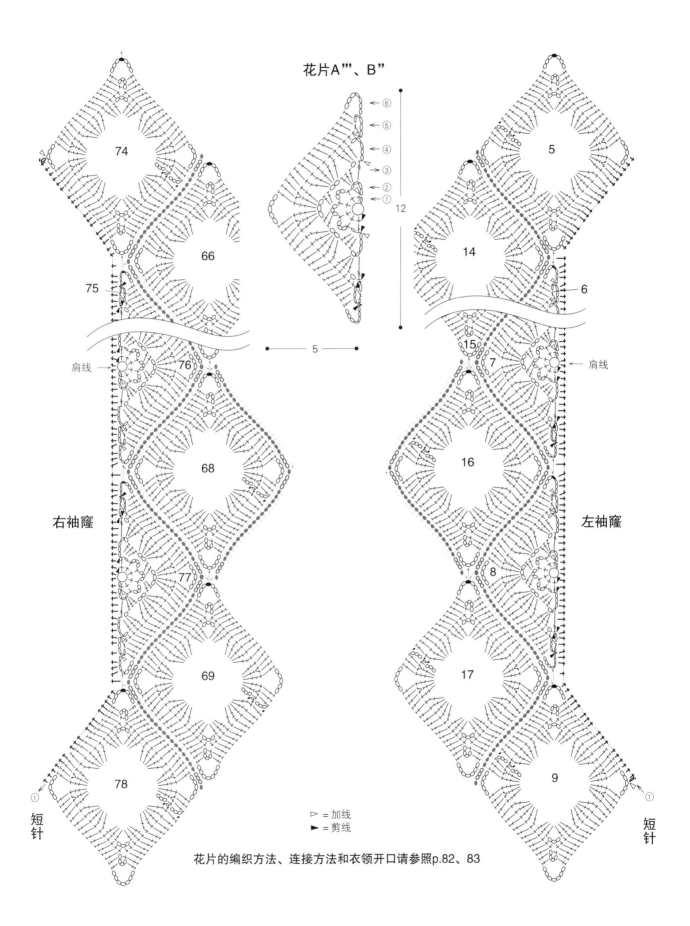

← ⑥
← ⑤
← ④
← ③
← ②
← ①

12

74

66

75

5

14

6

5

肩线 →

76

68

右袖窿

77

15

7

肩线

左袖窿

16

8

69

78

①

17

9

①

短针

▷ = 加线
► = 剪线

短针

花片的编织方法、连接方法和衣领开口请参照p.82、83

17、18

p.20、21

准备▶和麻纳卡 Amerry F（粗）
17： 灰蓝色（513）165g/6团，自然
白色（501）105g/4团
18： 灰玫色（525）165g/6团，自然
白色（501）105g/4团
钩针5/0号

成品尺寸▶胸围100cm，衣长56.75cm，
连肩袖长25.5cm

编织密度▶花片对角线长12.5cm

编织要点▶身片 环形起针，参照图示
一边换色一边钩织花片。第2片以后的
花片在最终行连接。

组合 下摆、袖口环形做边缘编织A。
衣领参照图示环形做边缘编织B。

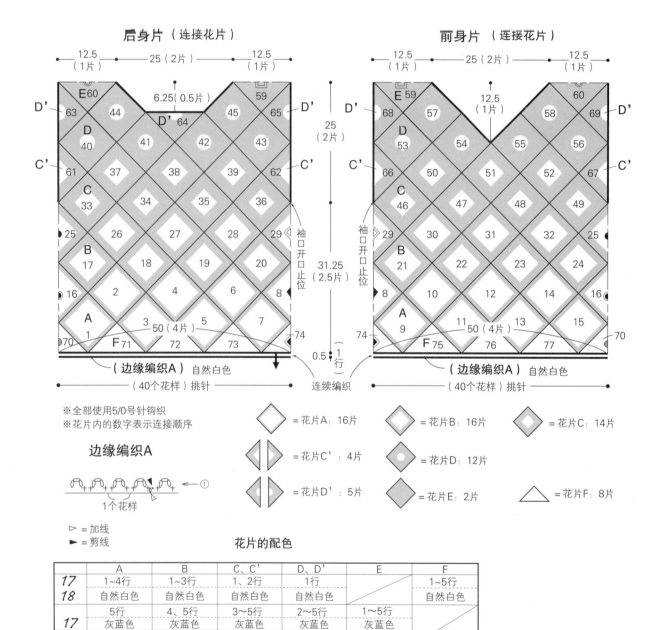

后身片（连接花片）

前身片（连接花片）

※全部使用5/0号针钩织
※花片内的数字表示连接顺序

边缘编织A

1个花样

▷ = 加线
► = 剪线

◇ = 花片A：16片
◈ = 花片B：16片
◈ = 花片C：14片
= 花片C'：4片
○ = 花片D：12片
= 花片D'：5片
= 花片E：2片
△ = 花片F：8片

花片的配色

	A	B	C、C'	D、D'	E	F
17	1~4行	1~3行	1、2行	1行		1~5行
18	自然白色	自然白色	自然白色	自然白色		自然白色
17	5行	4、5行	3~5行	2~5行	1~5行	
18	灰蓝色	灰蓝色	灰蓝色	灰蓝色	灰蓝色	
	灰玫色	灰玫色	灰玫色	灰玫色	灰玫色	

花片A、B、C、D、E

花片C'、D'、F

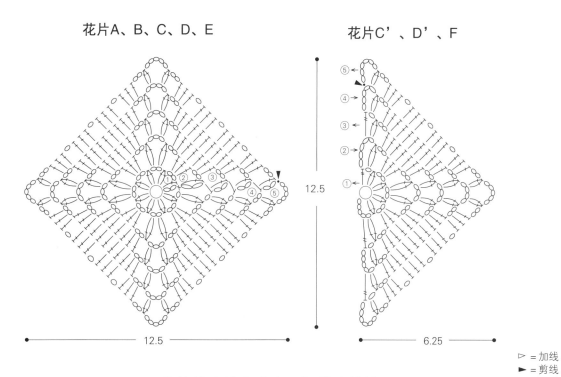

12.5

12.5

6.25

▷ = 加线
► = 剪线

花片的连接方法和下摆的边缘编织A

胁部

下摆

中心

边缘编织A

边缘编织B
17: 灰蓝色
18: 灰玫色

▷ =加线
▲ =剪线

衣领（后身片）（边缘编织B）
和前身片衣领连接
在一起编织图示
参照图示

领窝

后中心

后中心

1个花样

肩线

1个花样

1个花样

前中心

领窝

肩线

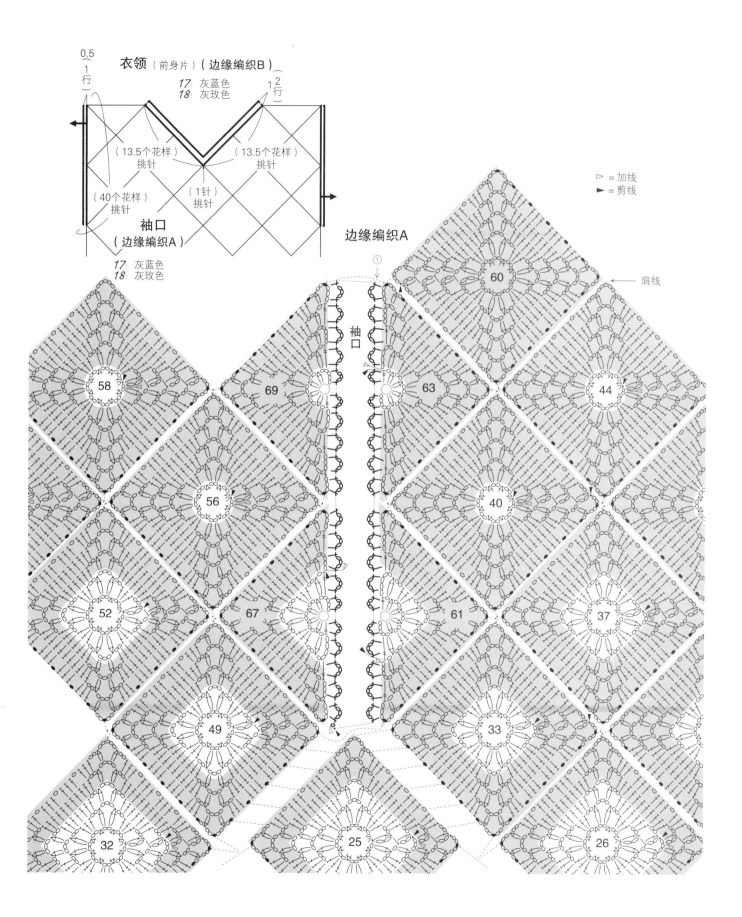

衣领（前身片）（边缘编织B）
17：灰蓝色
18：灰玫色

0.5
（1行）

1
（2行）

（13.5个花样）
挑针

（13.5个花样）
挑针

（40个花样）
挑针

（1针）
挑针

袖口
（边缘编织A）

17：灰蓝色
18：灰玫色

边缘编织A

▷ = 加线
► = 剪线

肩线

袖口

58

69

63

60

44

56

67

40

61

37

52

49

33

32

25

26

89

19、20

p.22、23

准备▶和麻纳卡 Mohair
19：浅紫色（100）　**20**：深绿色
（102）各145g/6团
钩针4/0号
成品尺寸▶胸围100cm，衣长50cm，连肩袖长25cm
编织密度▶花片大小为12.5cm×12.5cm

编织要点▶环形起针，参照图示钩织花片。从第2片开始在最终行连接，编织方向各不相同，要注意图中的箭头方向。衣袖、衣领开口止位参照图示。

前后身片 （连接花片）

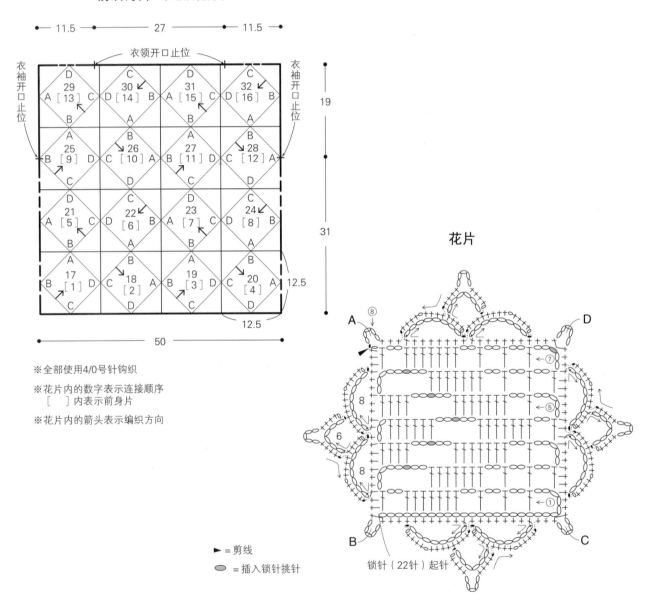

※全部使用4/0号针钩织

※花片内的数字表示连接顺序
　[ ]内表示前身片

※花片内的箭头表示编织方向

►= 剪线

⬭ = 插入锁针挑针

花片

锁针（22针）起针

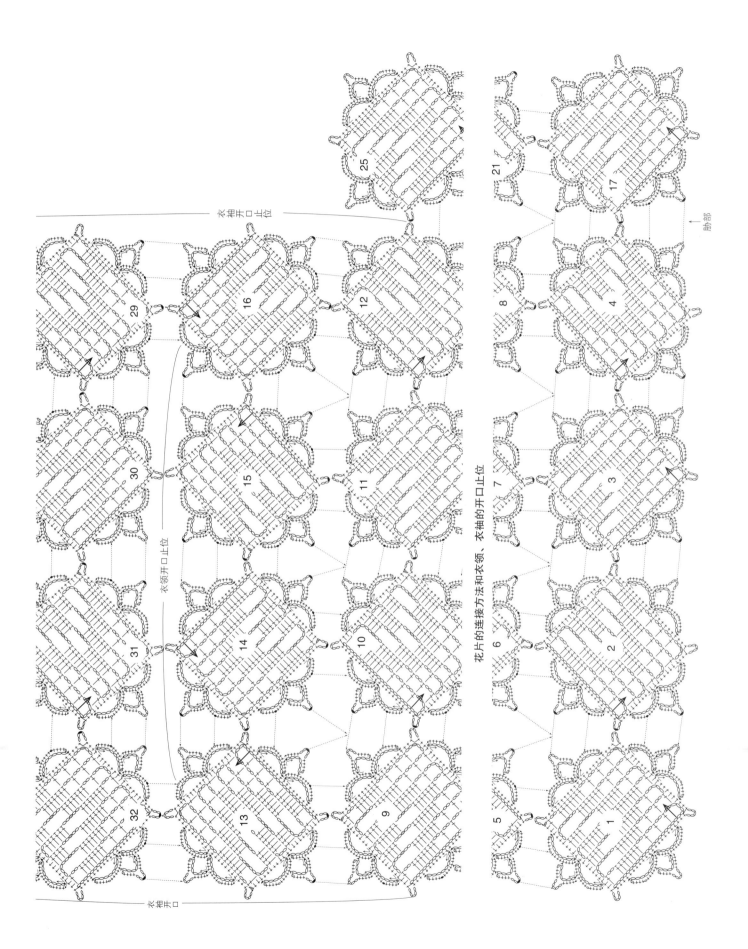

花片的连接方法和衣领、衣袖的开口止位

21
p.24

准备▶和麻纳卡 Mohair Memoir Wool 灰色系段染（8）130g/6团
钩针5/0号

成品尺寸▶胸围100cm，衣长50cm，连肩袖长25cm

编织密度▶花片大小为14cm×14cm

编织要点▶**身片** 环形起针，参照图示钩织花片。第2片以后在最终行连接。
组合 连接后的身片在第1片周围环形做5行边缘编织。第2片在边缘编织最终行、肩部和胁部钩织引拔针连接。

边缘编织

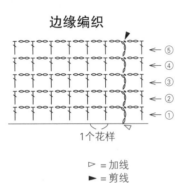

⑤ ④ ③ ② ①

1个花样

▷ = 加线
► = 剪线

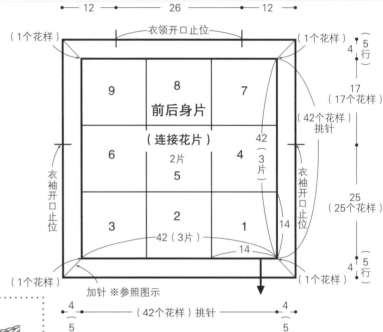

※全部使用5/0号针钩织　※花片内的数字表示连接顺序

★使用的是长间距段染线，编织起点位置的颜色不同，毛衫给人的感觉也会发生很大变化

用长针连接花片的方法

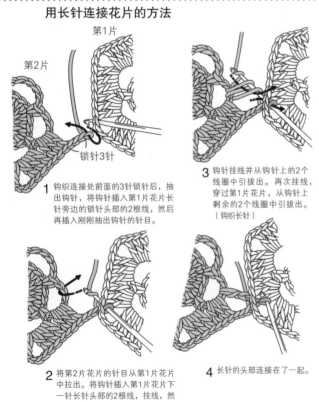

第1片
第2片

锁针3针

1 钩织连接处前面的3针锁针后，抽出钩针，将钩针插入第1片花片长针旁边的锁针头部的2根线，然后再插入刚刚抽出钩针的针目。

2 将第2片花片的针目从第1片花片中拉出。将钩针插入第1片花片下一针长针头部的2根线，挂线，然后整段挑取第2片花片的锁针。

3 钩针挂线并从钩针上的2个线圈中引拔出。再次挂线，穿过第1片花片，从钩针上剩余的2个线圈中引拔出。（钩织长针）

4 长针的头部连接在了一起。

花片

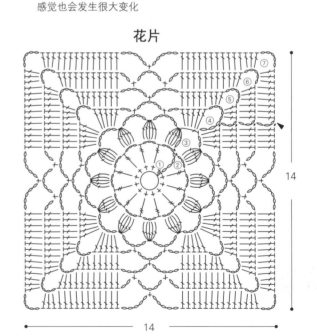

14

14

前后身片

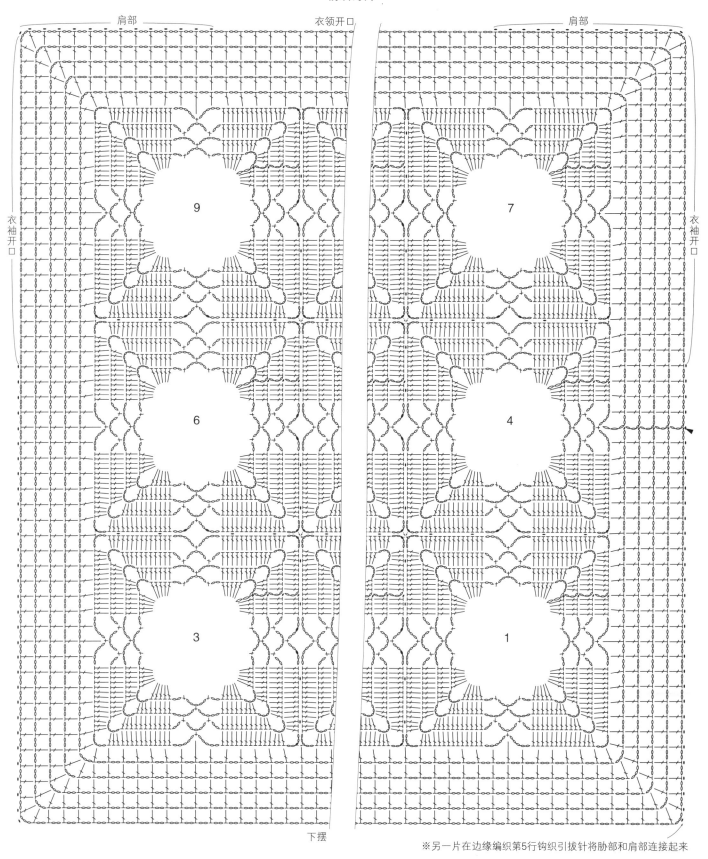

22
p.25

准备▶和麻纳卡 Sonomono（粗）深棕色（3）180g/5团，米色（2）、原白色+米色（4）各95g/3团
直径30mm的纽扣2颗
钩针5/0号、7/0号

成品尺寸▶衣长61cm，连肩袖长49.5cm

编织密度▶花片大小为12cm×12cm

编织要点▶花片 锁针起针，参照图示钩织花片。花片的深棕色部分使用纵向渡线的方法编织配色花样，直接包住线，将线拿到右端编织第10行。第2片以后在最终行连接。

组合 下摆环形做边缘编织A。衣领环形做边缘编织B。将纽襻穿入指定位置。缝上纽扣。

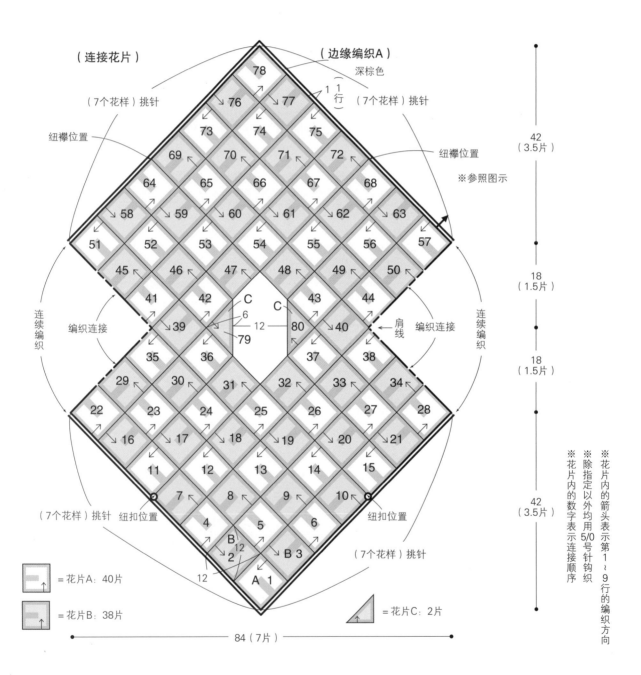

（连接花片）　　（边缘编织A）

深棕色

（7个花样）挑针

纽襻位置

（7个花样）挑针

纽襻位置

※参照图示

连续编织

编织连接

连续编织

编织连接

肩线

42（3.5片）

18（1.5片）

18（1.5片）

42（3.5片）

※花片内的箭头表示第1～9行的编织方向

※除指定以外均用5/0号针钩织

※花片内的数字表示连接顺序

（7个花样）挑针　纽扣位置

纽扣位置

（7个花样）挑针

= 花片A：40片

= 花片B：38片

= 花片C：2片

84（7片）

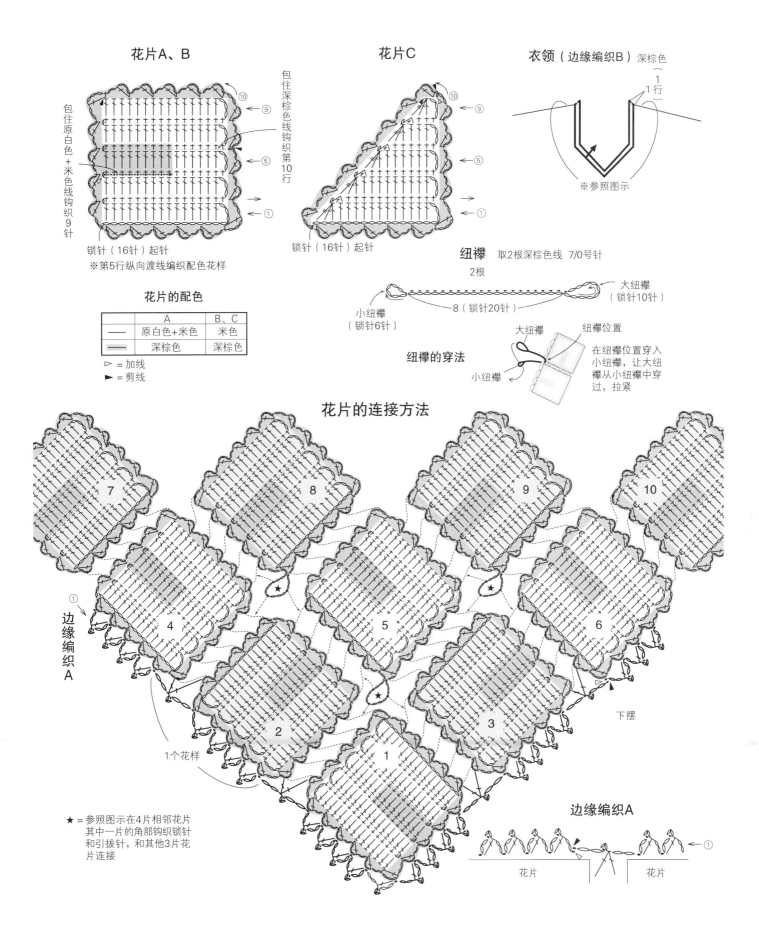

花片A、B

包住原白色＋米色线钩织9针

包住深棕色线钩织第10行

锁针（16针）起针

※第5行纵向渡线编织配色花样

花片C

锁针（16针）起针

衣领（边缘编织B）深棕色

（1行）
1行

※参照图示

纽襻　取2根深棕色线　7/0号针

2根

小纽襻
（锁针6针）

8（锁针20针）

大纽襻
（锁针10针）

纽襻的穿法

大纽襻

小纽襻

纽襻位置

在纽襻位置穿入小纽襻，让大纽襻从小纽襻中穿过，拉紧

花片的配色

	A	B、C
——	原白色＋米色	米色
▨	深棕色	深棕色

▷ ＝加线
► ＝剪线

花片的连接方法

边缘编织A

下摆

1个花样

★＝参照图示在4片相邻花片其中一片的角部钩织锁针和引拔针，和其他3片花片连接

边缘编织A

花片　花片

95

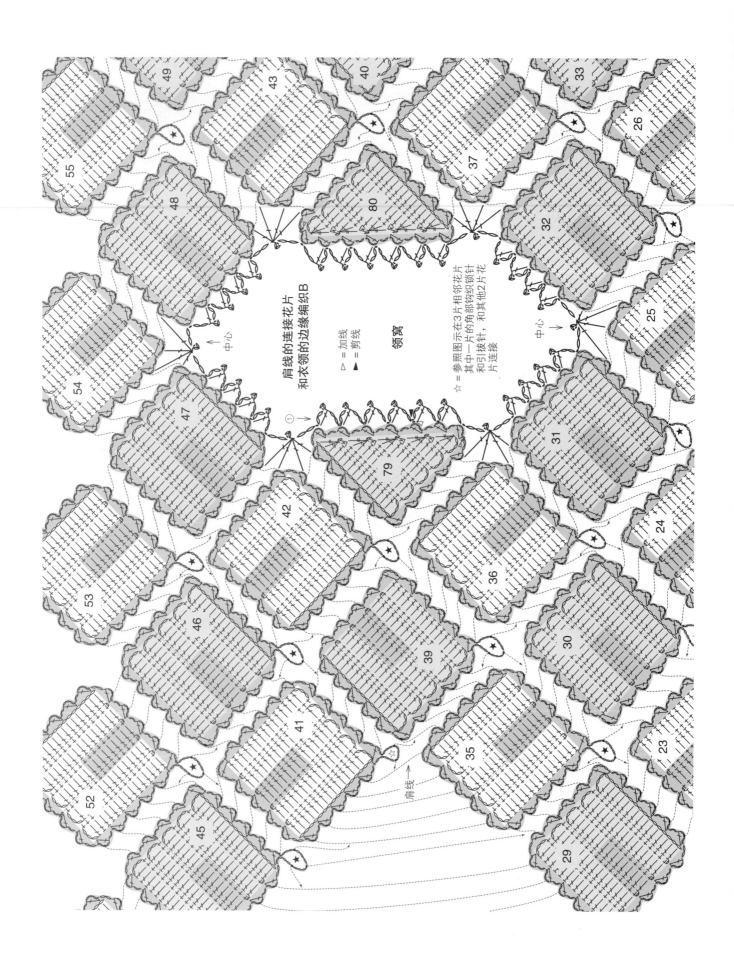

肩线的连接花片
和衣领的边缘编织B

▷ = 加线
▲ = 剪线

领窝

☆ = 参照图示在3片相邻花片
其中一片的角部钩织锁针
和引拔针，和其他2片花
片连接

肩线→

中心

中心

23
p.27

准备▶和麻纳卡 Amerry 芥末黄色（41）
335g/9团
钩针6/0号

成品尺寸▶衣长49.5cm，连肩袖长
36.5cm

编织密度▶花片大小为7cm×8cm

编织要点▶主体　锁针起针，按照数
字顺序向前编织。第1排4行，第2排以
后是5行。1排连在一起编织至领窝位
置，然后左右分开编织6排。

组合　在主体周围、衣领环形做边缘编
织。在4处连接细绳。

（编织花样）

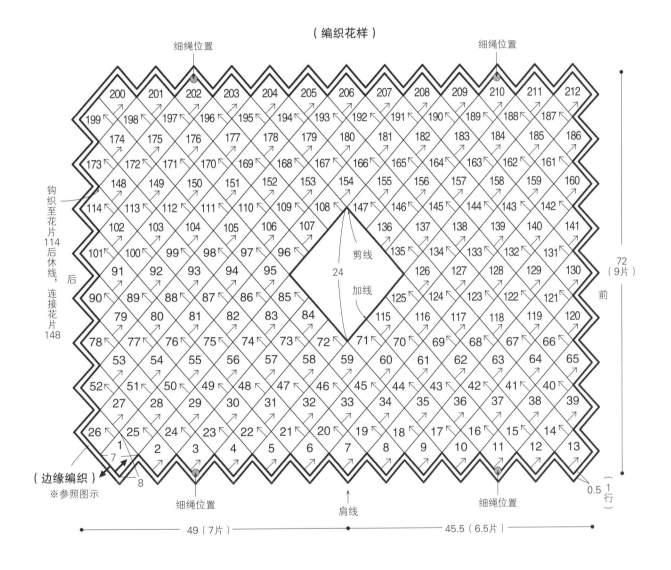

※全部使用6/0号针钩织
※图中的数字表示编织顺序，箭头表示编织方向

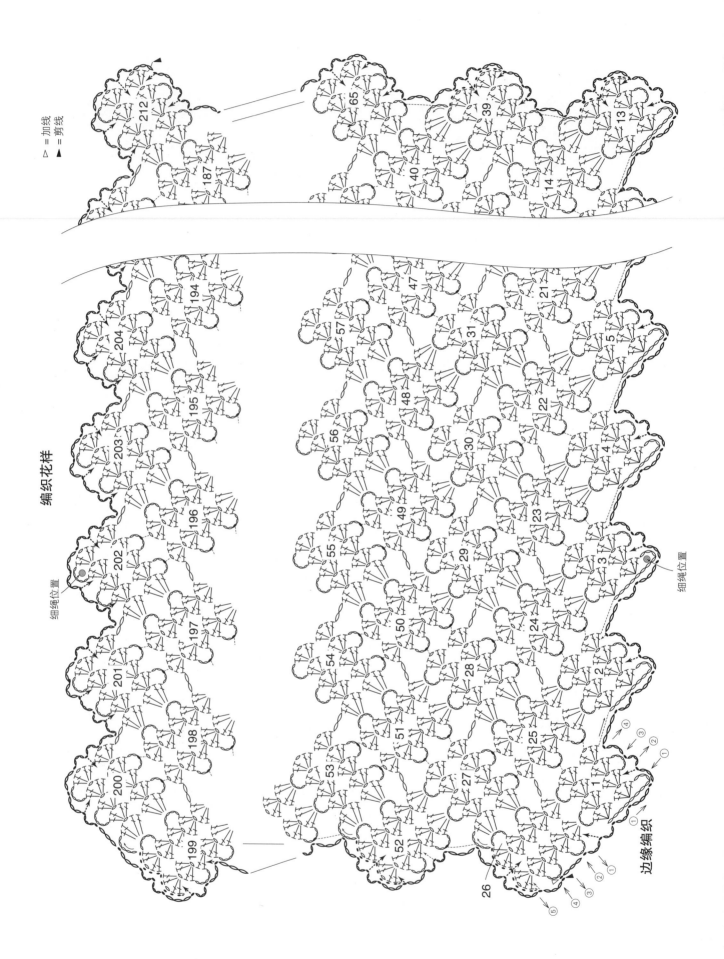

编织花样

细绳位置

边缘编织

△ = 加线
▲ = 剪线

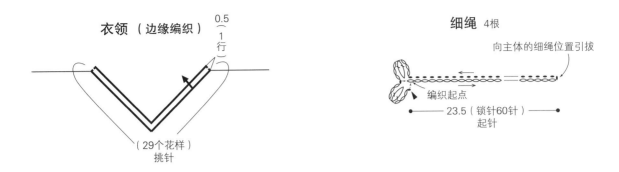

衣领（边缘编织）

0.5
（1行）

（29个花样）
挑针

细绳 4根

向主体的细绳位置引拔

编织起点

编织起点

23.5（锁针60针）
起针

领窝的编织花样和边缘编织

▷ = 加线
► = 剪线

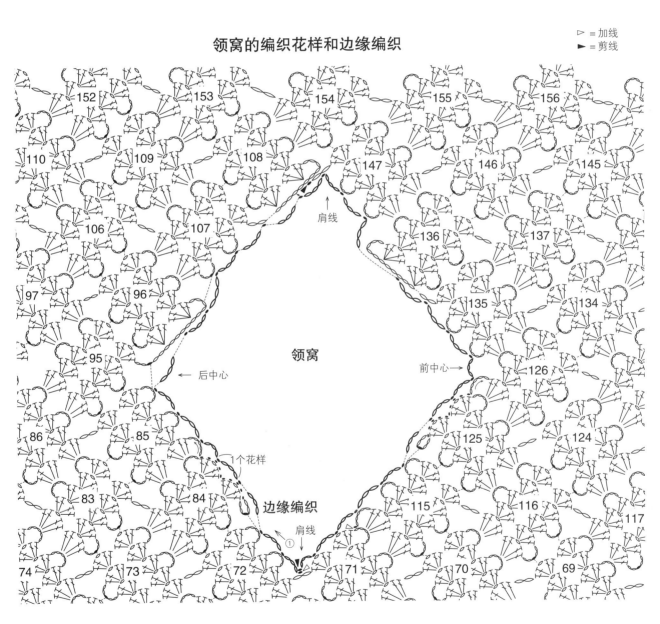

24、25

p.28、29

准备▶

24: 和麻纳卡 Mohair Glass 浅灰色
（2）200g/8团
钩针5/0号

25: 和麻纳卡 Arcobaleno 浅紫色系
（105）170g/7团
钩针3/0号

成品尺寸▶ *24*: 长153cm，宽44cm
25: 长153cm，宽34cm

编织密度▶编织花样／*24*: 1个花样
7.4cm，11行　*25*: 1个花样8.6cm，
8.5行

编织要点▶锁针起针，一边在两端减
针，一边做32行编织花样。在周围环
形做5行边缘编织。

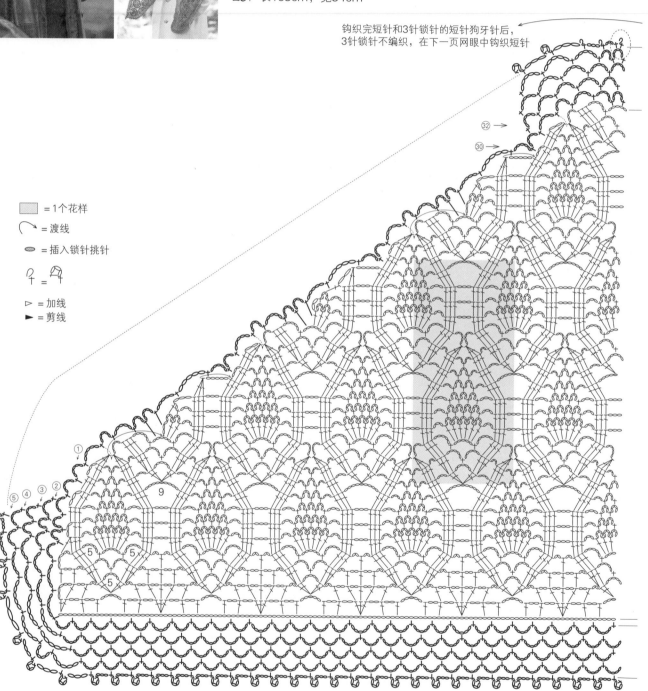

钩织完短针和3针锁针的短针狗牙针后，
3针锁针不编织，在下一页网眼中钩织短针

= 1个花样

= 渡线

= 插入锁针挑针

= 加线

= 剪线

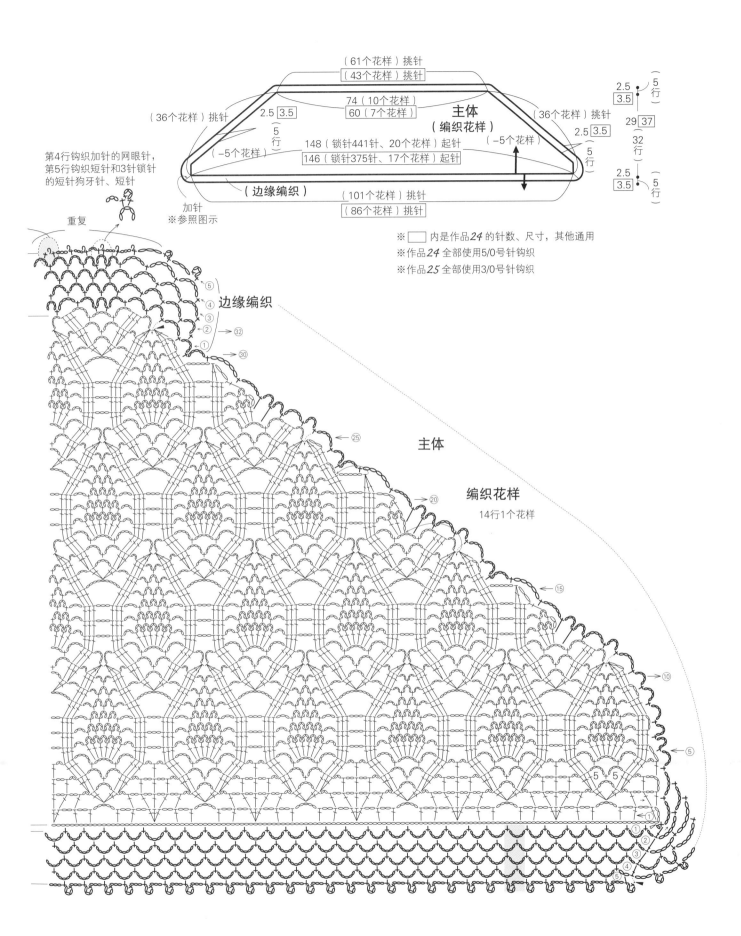

（61个花样）挑针
（43个花样）挑针

74（10个花样）
60（7个花样）

主体
（编织花样）

（36个花样）挑针

2.5 3.5

5行

（36个花样）挑针

2.5 3.5

5行

（-5个花样）

148（锁针441针、20个花样）起针
146（锁针375针、17个花样）起针

（-5个花样）

5行

2.5 3.5 · 5行

29 37

32行

2.5 3.5 · 5行

（边缘编织）

加针
※参照图示

（101个花样）挑针
（86个花样）挑针

※ □ 内是作品24的针数、尺寸，其他通用
※作品24 全部使用5/0号针钩织
※作品25 全部使用3/0号针钩织

第4行钩织加针的网眼针，
第5行钩织短针和3针锁针
的短针狗牙针、短针

重复

边缘编织

⑤
④
③
②
①

③②

①③⓪

主体

编织花样
14行1个花样

②⑤

②⓪

①⑤

①⓪

⑤

5 5

①

①
②
③
④
⑤

101

26、27

p.30

准备▶和麻纳卡 Hifumi Lily　**26**：粉色系（2）　**27**：深绿色系（3）各80g/2团

钩针7mm

成品尺寸▶头围50cm，深20cm

编织密度▶编织花样B：1个花样8.3cm，5.5行为10cm

编织要点▶锁针起针连成环形，参照图示一边减针一边做编织花样B。剩余针目穿线并收紧。

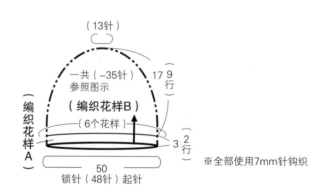

（13针）

一共（−35针）参照图示　　17　9 行

（编织花样B）

（6个花样）

（编织花样A）

3　2 行

50

锁针（48针）起针

※全部使用7mm针钩织

剩余针目穿线并收紧

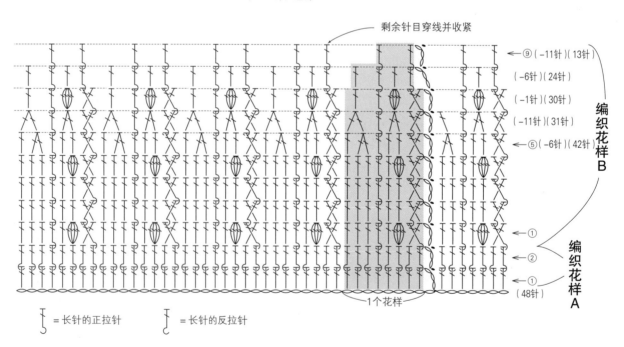

⑨（−11针）（13针）

（−6针）（24针）

（−1针）（30针）

（−11针）（31针）

⑤（−6针）（42针）

编织花样B

① ② ①（48针）

编织花样A

1个花样

┇ = 长针的正拉针　　┇ = 长针的反拉针

28、29

p.31

准备▶和麻纳卡 Sonomono Alpaca Boucle *28*: 原白色（151）*29*: 灰色（155）各75g/2团

抗菌填充棉 各3g

钩针8/0号

成品尺寸▶宽11.5cm，长69cm

编织密度▶10cm×10cm面积内：中长针12针，9行

编织要点▶钩织4针锁针连成环形，参照图示环形钩织4行中长针。8行穿球孔左右分开钩织，分别环形钩织。然后连在一起继续环形钩织。钩织绒球，塞入填充棉，整理好形状，缝在相应位置。

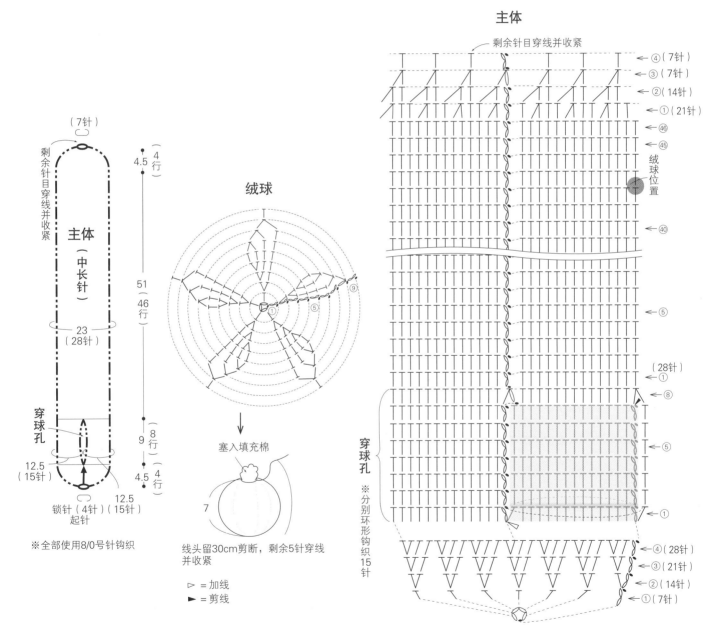

主体

剩余针目穿线并收紧

←④（7针）
←③（7针）
←②（14针）
←①（21针）
←46
←45

绒球位置

←40

←⑤

←②（28针）
←⑧
←⑤
←①

穿球孔

※分别环形钩织15针

←④（28针）
←③（21针）
←②（14针）
←①（7针）

（7针）

剩余针目穿线并收紧

主体（中长针）

23（28针）

穿球孔

12.5（15针）

锁针（4针）起针

12.5（15针）

4.5　4行

51（46行）

9　8行

4.5　4行

※全部使用8/0号针钩织

绒球

①⑤⑨

↓

塞入填充棉

7

线头留30cm剪断，剩余5针穿线并收紧

▷ = 加线
► = 剪线

备案号：豫著许可备字-2021-A-0141

图书在版编目（CIP）数据

美丽的秋冬手编. 7，29款时尚秋冬钩织/日本宝库社编著；
如鱼得水译. —郑州：河南科学技术出版社，2023.10
ISBN 978-7-5725-1299-5

Ⅰ.①美… Ⅱ.①日… ②如… Ⅲ.①绒线-编织-图解
Ⅳ.①TS935.5-64

中国国家版本馆CIP数据核字（2023）第167130号

出版发行：河南科学技术出版社
　　　　　地址：郑州市郑东新区祥盛街27号　　邮编：450016
　　　　　电话：（0371）65737028　　　65788613
　　　　　网址：www.hnstp.cn
责任编辑：刘　欣　刘淑文
责任校对：刘　瑞
封面设计：张　伟
责任印制：张艳芳
印　　刷：北京盛通印刷股份有限公司
经　　销：全国新华书店
开　　本：889 mm×1 194 mm　　1/16　　印张：6.5　　字数：200千字
版　　次：2023年10月第1版　　2023年10月第1次印刷
定　　价：49.00元

如发现印、装质量问题，影响阅读，请与出版社联系并调换。